# 思维是平的

# THE MIND IS FLAT

[英] 尼克·查特（Nick Chater）_著
杨旭_译

中信出版集团 | 北京

图书在版编目（CIP）数据

思维是平的 /（英）尼克·查特著；杨旭译 . -- 北京：中信出版社，2020.5
书名原文：The Mind Is Flat: The Remarkable Shallowness of the Improvising Brain
ISBN 978-7-5217-1309-1

Ⅰ.①思… Ⅱ.①尼…②杨… Ⅲ.①行为思维 Ⅳ.① B804

中国版本图书馆 CIP 数据核字（2019）第 292175 号

The mind is flat by Nick Chater
Copyright © Nick Chater, 2018
This edition arranged with Felicity Bryan Associates Ltd.
through Andrew Nurnberg Associates International Limited.
Simplified Chinese translation copyright © 2020 by CITIC Press Corporation
ALL RIGHTS RESERVED

本书仅限中国大陆地区发行销售

思维是平的

著　　者：[英]尼克·查特
译　　者：杨旭
出版发行：中信出版集团股份有限公司
　　　　　（北京市朝阳区惠新东街甲 4 号富盛大厦 2 座　邮编 100029）
承　印　者：北京通州皇家印刷厂

开　　本：880mm×1230mm　1/32　　印　　张：9.25　　字　　数：300 千字
版　　次：2020 年 5 月第 1 版　　　　印　　次：2020 年 5 月第 1 次印刷
京权图字：01-2019-4398　　　　　　　广告经营许可证：京朝工商广字第 8087 号
书　　号：ISBN 978-7-5217-1309-1
定　　价：59.00 元

版权所有·侵权必究
如有印刷、装订问题，本公司负责调换。
服务热线：400-600-8099
投稿邮箱：author@citicpub.com

献给我的父亲和母亲，罗伯特·查特和多萝西·查特，我的妻子路易，我的孩子玛雅和凯特琳·富克斯，是他们的支持和爱使这本书成为可能。

# 目录

前言　文学布线与心理真相　　　　　　　　　　Ⅲ

## 第一部分　心理深度错觉

1　虚构的智慧　　　　　　　　　　003

2　从"不可能物体"到21点错觉　　021

3　大脑的骗术　　　　　　　　　　039

4　赫伯特·格拉夫警示录　　　　　061

5　高桥上的爱情　　　　　　　　　081

6　操纵选择　　　　　　　　　　　101

思维是平的

## 第二部分 即兴思维

7 思维循环 119

8 狭窄的意识通道 141

9 无意识思维的神话 157

10 意识的界限 175

11 惯例而非原则 195

12 智能的秘密 209

后记 重新创造自我 227
注释 233

# 前言　文学布线与心理真相

> ……当我们声称自己在使用内在的观察力时，我们其实是在进行某种即兴的理论概括。不仅如此，我们还是极易上当的理论家，因为可以"观察"的对象实在太少，我们完全可以夸夸其谈而不必担心前后矛盾。
>
> ——丹尼尔·丹尼特[1]

莫斯科的郊外，一辆火车正驶出车站，主人公从站台一跃而下。这是托尔斯泰的小说《安娜·卡列尼娜》的高潮。但是安娜真的想死吗？对于这部杰作中的这一关键情节可能有各种解读。她是不是厌倦了俄国的贵族生活，又害怕失去自己的爱人渥伦斯基，所以死亡成了唯一的出路？或者，这一举动只是一时兴起，是绝望至极的一种戏剧化流露，此前她甚至没想过自杀？

我们可以这样提问，但是能得到答案吗？如果托尔斯泰说安娜的头发是黑色的，那么她的头发就是黑色的。但是如果他没有提到安娜为什么自杀，那么她的动机只能是个谜。我们当然可以做出自己的解读，还可以争论各种解读的可行性。但是对于安娜到底想要什么，并没有一个潜藏的真相，因为安娜是一个虚构的人物。

假设安娜是一个历史人物，而托尔斯泰的作品是根据真实事件进行改编的，那么有关其动机的问题就和文学解读无关，而是一个历史问题。但这不会改变我们探究这个问题的方式，我们还是会从同一个文本中找出有关人物心理状态的线索（有可能不可靠），只不过这个"有关人物"是真实人物而不是虚构的角色，至于提出各种解读并争论不休的人，则从批评家和文学学者变成了律师、记者和历史学家。

现在，我们想象自己可以直接采访安娜。假设托尔斯泰的小说是根据真实事件进行描述的，火车的庞大蒸汽机恰好及时刹住了车。安娜受了重伤，被匿名送到莫斯科的一家医院，经过抢救得以脱险，但是她为了逃避过去，决定从莫斯科消失。我们在瑞士一家疗养院见到了康复中的安娜，可是她像其他人一样，没有说明自己的真正动机。她尝试回忆自己的过去（注意，这不是托尔斯泰的文稿），并将自己的行为拼凑到一起。即使她对过去的描述十分严谨，我们也有理由认为她的解读不一定比其他人的解读更具说服力。诚然，她可能有一些局外人无法获取的"数据"，比如她可能会想起，自己在走向命运的站台时，脑海中掠过的那句绝望的"渥伦斯基永远离开了我"。然而，这类优势也可能因自我知觉的扭曲而丧失，因为我们在解读自己的行为时总要赋予自己比旁观者更多的睿智。自传的真实性总是要被人们打个问号。

如果我们不事后追问，而是当场提问，那么我们能否更接近安娜的真正动机？假如受雇于莫斯科某家报社的记者正迫切地搜寻着八卦新闻，他凭着自己的职业嗅觉，密切地跟踪安娜的一举

# 前言
## 文学布线与心理真相

一动。他在安娜即将跳下去的时候"施以援手",挥舞着笔杆子问道:"卡列尼娜小姐,请你现在告诉我,你为什么要走向死亡。"这个策略好像不太可能成功,好,那就更谨慎点儿:"卡列尼娜小姐,我察觉到您要走向死亡了,可否请您填一下这个调查问卷?用不了多长时间的。"这样提问恐怕也不会奏效。

从上文可以得出两个对立的结论。其中一个是:我们的思维具有难以测定的"潜藏深度"。如果这个观点成立,那么我们就无法指望人们反观自身,进而就自己的信念和动机做出完整而真实的描述。对行为的解释,不管是来自旁观者还是当局者,不管在事前、事情发生的过程中还是事后,最多只能揭示部分动机,而且是值得怀疑的。

从潜藏深度的立场来看,如果想揭示人类行为的真正动机,就不能单靠那种轻率的做法,即直接向当事人提问,还需要更精妙和更复杂的办法。我们需要设法潜入思维的内在运作场所,直接测量那些控制我们行为,但我们只能隐约意识到的信念、欲望、动机、恐惧、怀疑和希望。心理学家、精神病学者和神经科学家就如何更好地潜入产生人类动机的深水区争论了很久,像词组联想、梦境解析、数小时的强化心理治疗、行为实验、生理记录和大脑成像这样的方法,在过去一个世纪都流行过。但是不管使用哪种方法,其目标都是一致的,即发现潜藏在意识自觉"表层"之下的感受、动机和信念——简单来说就是绘制潜藏深度的图像。遗憾的是,潜藏深度的内容好像一直都很神秘。弗洛伊德式的精神分析师可以猜测藏在我们心中的恐惧和欲望。心理学家和神经科学家可以尝试通过我们的行为、心跳、皮肤电传导、瞳孔扩张和大脑中的血流速度来得出一些玄虚和迂回的结论。但是，像信念、欲望、希望和恐惧这种看不见的东西从来没有被实际观察到过。当然，也有可能因为潜藏深度就像一个"内太空"，比外太空更加神秘。因此，要想钻破它，我就要使用更精密的仪器和分析方法。所以，要想揭示人类大脑的潜藏深度还需要人们付出更多的努力。

本书想论证一个相反的观点，即绘制潜藏深度的做法不但在技术上存在困难，而且根本就是缘木求鱼。思维具有"潜藏深度"的想法完全错了。我们对安娜·卡列尼娜自杀行为所做的反思应该导向一种截然相反的结论，即对真实人物动机的解读和对虚构形象的解读没什么两样。虚构形象当然不会有什么内心世界，因为他们连真正的世界都没有——她是否生于星期二都不可知，更别说她潜意识里是否怕狗，是否怀疑沙皇政权的稳定，或是否喜欢巴赫多于莫扎特了。虚构人物没有"潜藏的"真相可言，除了纸张"表层"的文字之外，别无其他。

而且，就算托尔斯泰的小说是一篇真实报道，安娜是19世纪俄国贵族中一个活生生的成员，有关她的大部分描述站得住脚，关于安娜是否生于星期二确实存在真相（不管是已知的还是未知的），对于动机，我也认为和虚构的安娜一样，还是不存在真相。不管是治疗、梦境解析、词组联想还是实验或大脑扫描，都无法

# 前言
## 文学布线与心理真相

揭示人的"真正动机",这不是因为找到动机很困难,而是因为根本就无从寻找。人们很难潜入心理深度,不是因为心理深度又深又黑,而是因为它根本就不存在。

内在心理世界及其包含的信念、动机和恐惧都是想象的产物。我们在体验过程中创造了有关自己和他人的解读,就好像我们在阅读文本的过程中创造了对虚构形象的解读一样。每种解读都面临无数种其他解读的挑战。安娜很可能不是被爱情折磨,而是对突然遭遇的挫折感到绝望,或者是感到儿子的前途暗淡,或者是对贵族无聊的生活心生厌倦。尽管对虚构的安娜的正确解读并没有所谓客观真相,但是在托尔斯泰的文本中,有些解读总是比其他解读更为可信和合理。可是,作为记者,托尔斯泰手头有的也只是对"真实"的安娜的行为的解读。而真实存在的安娜,不管是在当时还是在几个月之后,所能做的也不过是对自己的行为做出解读,只不过她会更加谨慎而已。我们无法就自己的行为做出最终的解释,我们对自己的解读和他人对我们的解读一样,都是不完整且混乱的,而且面临着其他诸多解读的挑战。

阅读托尔斯泰的文字给我们一种感觉:他好像是在粗略地描写另一个世界。托尔斯泰本可以告诉我们安娜的童年、她的死亡对其儿子的影响,或者渥伦斯基(可能)成为一个修道士。但这些情景只有在被写出来时才成为可能。当托尔斯泰下笔时,他实际上是在创造安娜的生活和圈子,而不是在发掘它们。

事实上,生活和小说没什么区别。我们即兴创造了自己的信念、价值和行为。它们不是为了应付不时之需而提前算好和"写"在某个超大储存空间里的。这表明,并没有什么预先存在的"内部思维世界",思维也并不由此产生。思维就像虚构作品一样,是在被创造的那一刻产生的。

"反观"内心的想法表明了这样一种错误认识,即我们说话时,好像有一种内省官能可以查看我们内心世界的内容。这就好比我们有一种感知官能可以告知我们关于外部世界的信息一样。[2] 但是自省是一个创造过程,而不是感知过程,我们临时创造了种种解读和解释来理解我们的言行。所谓内部世界不过是个幻象。

还是回到小说。在小说中,有些角色是"二维的",而有些角色则好像确实具有"深度"。他们在我们的想象中如此形象,可以媲美甚至超过我们周围的熟人,我们还可以不局限于页面上的文字,为他们增添某种态度和信念。但是这种表面的深度只是"观察者所见",安娜·卡列尼娜的生活除了托尔斯泰的描写,并没有事实可言,我们也无法在字里行间找到她的动机。虚构形象如此,真实人物也如此。那么,我们为什么会有这样一种感觉,认为行为只是汪洋大海的表面,而在深不可测的水底则充满了内在动机、信念和欲望?对于它们的力量,我们为什么几乎察觉不到?其实,这是我们的思维玩的一个把戏。真相并非存于深处,事实上深处根本就不存在,存在的只有表层。

有一种想法认为,我们平时借助信念、欲望、希望、恐惧对自己和他人所做的常识性解释,尽管可能存在细节错误,但在精

## 前言
## 文学布线与心理真相

神上，它是正确的。比如有人会想，安娜自杀是受到某种信念、欲望、希望或恐惧的驱使，她自己都不一定说得清楚是哪种信念、欲望、希望或恐惧，这只是因为她的自省有缺陷或不可信罢了。我们已经看到，这种观点特别诱人，对心理学家来说更是如此。但是这种关于思维的平常观点从根本上就错了。在人类历史上，从来没有人受制于内在信念或欲望，正如从来没有人被邪灵附体或被守护天使照顾过一样。所谓信念、动机，还有其他寓居于"内在世界"的居民都是想象出来的。我们用来辩护或解释自己行为和他人行为的故事不但在细节上是错误的，而且从头到尾都是编造的。

我们的意识思维流，包括对自己和他人行为的解释，都是临时创造的，而不是说，我们只要照着一连串内在心理事件念出来（甚至猜测）即可。我们连续不断地解释、辩护和理解自己的行为，正如我们一直在尝试理解周围的人物或虚构的人物的行为一样。如果你就安娜的动机向我或读者提问（问："她有没有想过跳到火车底下必死无疑？"答："想过。"问："她是否相信谢廖沙没有她会生活得更好？"答："可能吧，尽管她真的不应该这样想。"等等），我就会快速地提供答案。所以，我们显然具有随心所欲编造理由的能力，但是这些理由绝对不能作为对安娜心理世界的猜测，因为安娜作为一个虚构形象根本没有心理世界。

如果安娜是真实的，并且活了下来，那么我们就可以去瑞士的疗养院问她同样的问题，而她也会快速作答。同理，如果你问

## 思维是平的

我关于我个人的一些琐碎问题（比如我为什么要乘火车而不是驾车去伦敦），那么我也会提供一连串的解释（比如二氧化碳排放、交通拥堵或停车难等）。思维的这种创造性说明，真实的安娜在为自己的思维和行动做出解读或辩护时利用的也是想象力——这种想象力正是我们在把她视为虚构形象时所使用的（这样我们就在托尔斯泰创作的基础上进行了再创作）。这说明，我们在跟自己和别人解释我们的日常生活时，说出的连篇理由可能也是基于创造性的。

在这本书中，我想证明思维是平的，心理深度也只是一种错觉。思维就像一个技艺娴熟的即兴演奏家，流畅地创造了行为、信念和欲望来解释那些行为。但是这些瞬间的创造是脆弱、破碎和矛盾的。它们就像电影布景一样，从摄像机里看是牢固的，实际却是由纸板搭起来的。

有人认为，告别了稳定的信念和欲望，即兴思维就会造成混乱。但我认为，恰恰相反，即兴思维的任务是使我们的思维和行动尽可能前后一致，或者说维持自我。为了做到这一点，思维必须努力让当下的思维和行动与过去保持一致。我们就像法官一样，是通过参考和重新解释越来越多的旧案件来判决新案件的。由此可见，智能的秘密不是假想的潜藏深度，而是围绕过去即兴创造现在的非凡能力。

本书中，我的论点将分为两大部分。首先我要澄清关于思维如何运作的，然后从正面提供一个解释，即大脑是一个乐此不疲的即兴表演者。具体而言，在第一部分，我们将探讨心理证据，证明信念、欲望、希望和恐惧的话语纯粹是虚构的。但是也要注意，这种虚构的东西如此令人信服，可以以假乱真，编造起来不费吹灰之力。我们将会发现，我们关于思维的看法几乎都是错误的。这跟心理学教科书教给我们的不一样。教科书上认为，我们的常识大致是正确的，只不过需要做一些修订、调整和补充罢了。遗憾的是，这些修订、调整和补充从未奏效。总之，常识所认为的思维和我们从实验中发现的思维根本就是无法调和的。关于常识的观点需要摒弃，而不是小修小补。

然而，尽管教科书还未采纳这种激进的观点，但越来越多的哲学家、心理学家和神经科学家已经在这样做了。[3]在第一部分，我将把矛头对准导致这种常识性观点的根源——心理深度错觉。

在我们的设想中，与外在世界中人类、物体、星星和噪声对应的，还有一个充满丰富体验的内在世界（即关于人类、物体、星星和噪声的主观体验），这还没有包括情感、喜好、动机、希望、恐惧、记忆、信念。在这个内在世界里，可以探索的可能性无穷无尽。[4]好像只要密切注意我们的所见所闻和身体状态，就能揭示一个无比丰富的内在感知世界：我们只需要从直接体验跳入那个由梦境、冥想和催眠提供的想象王国；或者通过探索记忆构成的巨大存储，再现童年或学生时代的零碎情境；甚至可以就信念和价值观在心中与自己高谈阔论。

也有许多人认为，内在世界的规模比想象中更大，我们还应该在这个混沌里加入潜意识，它在我们不注意时溜进我们的思维。或者说，我们具有无意识的信念、动机、欲望，甚至某种无意识的内在主体（如弗洛伊德的本我、自我和超我，荣格的集体无意识）。这样就有可能存在一个自我或多个自我，或者灵魂。许多人相信，通过正确的冥想实践、心理治疗或致幻剂，我们可以打开通往无意识这个丰富的内在世界的大门。借助神经科学，相信大脑扫描仪总有一天可以触及内在世界，"读出"那些有意识或无意识的信念、动机和感受。

但是所有的深度、广度和细致程度都是假象。内在世界并不存在，我们不能把瞬间意识体验的流动比喻为思维汪洋的闪光表层，因为它就是唯一的存在。我们也看到，所有的瞬间体验都极其简略，不管什么时候，我们都只能认出一张脸，看到一个单词，或识别一个物体。当我们像那个在阿尔卑斯地区康复的安娜一样，开始描述自己的感受或解释自己的行为时，我们其实是在创造故事，而不是从已经存在的思维和内部世界的感受中搜索故事。离奇的梦境、神秘的体验或药物诱发的状态，都只不过是人们创造出来的，或者说想象出来的，并不是从内心挖掘出来的。而对梦境的解析也不是钻入灵魂进行探查而得到的，它只是建立在想象之上的想象。

第一部分旨在重新阐释人们对于思维本质的直觉认识，澄清那些在哲学、心理学、精神分析、人工智能和神经科学等诸多领域中被过度重复和夸大的误解。但是如果这种直觉认识（存在一

## 前言
## 文学布线与心理真相

个丰富饱满的"内在大海",而意识思维不过是其发光的表层)大错特错,那么我们又该如何解释人类的思维和行动呢?

第二部分旨在解决这个问题。如果思维是平的,那么我们的心理世界就只能位于"心理表层"。我们的大脑是一个即兴表演者,当前的表演都是建立在过去的表演之上的。也就是说,它在创造瞬间思维和体验时,并不求助于知识、信念和动机的内隐世界,而是借助过去的记忆痕迹。

与虚构作品的类比在这里同样能派上用场。在托尔斯泰的笔下,安娜的言行被创造出来,但他还要努力让它们保持前后一致,即让安娜"维持自我"或随着小说展开有所"发展"。当我们在解读他人或自己的行为时,这也是适用的,即一个好的解读不仅要理解当下的状态,还要与过去的言行及其解读联系起来。我们的大脑就像一台引擎,在创造瞬间意识体验时不需要依赖潜藏的内在深度,而是要把现在与过去联系起来。这就好比创作小说,只需要保证行文前后连贯即可,而不是真的要创造一个面面俱到的世界。

因此,意识体验是思维循环的一系列输出,是锁定部分感知并为之赋予意义的结果。这就是说,我们意识到的体验是对这个世界有意义的解读,是我们的大脑在看到单词、物体和脸部,以及听到声音、乐曲和警报之后创造出来的,但是我们无法意识到每个心理步骤的输入以及每一步内在运作。这导致的结果是,我们永远无法解释我们为什么会把裸露的岩石看成一群狗,为什么会觉得转瞬即逝的脸部表情很傲慢或友好,为什么会从一行诗里窥见死亡或想起童年。每个思维循环都会产生一个可以被意识到的解读,但它不会告诉你这个解读来自何处。

在这本书中,我将以来自视知觉领域的案例对我的观点进行论证。这个领域的例子不仅形象具体,还是心理学和神经科学中研究最透彻的部分。故此,我将把注意力放在这些最清楚和最简明的证据上。此外,还有一个理由促使我选择这个领域,那就是:不管是下棋、抽象的数学推理还是文学艺术创造,它们涉及的全部思维都不过是知觉的扩展。

我们将看到思维循环是如何工作的,以及支持这些工作方法点的关键证据。通过进一步分析,我们还将看到,之前有关稳定个性、信念和动机的观点都不可能是对的。事实上,我们的大脑是个无与伦比的即兴表演者,像一台引擎一样在自发地寻找意义和做出当下最合理的行动。理解了这一点,人类本性之中的怪异、多变和无常就不足为奇了。因此,我们的思维和行动都是建立在大量过去的思维和行动上的,通过直接拿来和重新加工,我们得以应付眼下的挑战。此外,正如今天的思维会遵从昨日的惯例,它们也为将来设置了惯例,这样我们的行动、言辞和生活就具备了连贯的形态。由此可见,我们每个人的独特个性,在很大程度上都是由我们每个人的不同思维和体验经历形成的。换句话说,每个人都是独特的,并处于持续不断的创造独特的过程中。

随着故事的展开,我们将看到,我们是自己亲手创造的角色,

## 前言
## 文学布线与心理真相

而不是体内无意识的木偶。尽管每个新的知觉、动作和思维都基于旧的知觉、动作和思维的独特心理传统,我们仍然可以随心所欲和独具匠心地从中建立新的思维。我们当前的思维可能被困在过去的思维模式中,但也不一定,因为人类智能拥有一种推陈出新的非凡才能。这种自由和创新不是天才的专利,也不一定非要有灵感眷顾,它实际上是大脑进行基本运作(如感知、做梦)的基础。

当然,随心所欲也是有限度的。比如,业余萨克斯演奏者,即使技巧再高超,也不可能"随心所欲"地变成查理·帕克;英语学习新手不可能一步登天成为西尔维娅·普拉斯;而学习物理学的学生也不可能马上超越阿尔伯特·爱因斯坦。要掌握新的行为、技巧和思维,必须先建立一个丰富深厚的心理传统。在成为专家之前必须花费数千小时打好基础,除此之外没有任何捷径!此外,我们每个人的经验都是独特的,因为数千小时的体验给我们留下了不同的思维和行动踪迹,而新的思维和行动又是在其基础上建立起来的。于是,我们都在以自己的方式演奏、写作和思考——尽管偶尔也具有无与伦比的灵活性(比如音乐家和诗人可以互相"冒充";学习物理学的学生可以像牛顿一样推理)。日常生活中有很多类似的例子,比如我们总是在担惊受怕,与人交往偶尔会遭遇不顺等。所以,随心所欲不会一下子就让我们改头换面,而是会一步一个脚印地重塑我们的思维和行动。我们当前的思维和行动正在持续不断,但有点儿缓慢地改造着我们的思维。

## 思维是平的

  这本书中的想法有很多来源，包括认知心理学、社会心理学、临床心理学，以及哲学和神经科学，其中最根本的是把大脑理解为生物计算机的尝试。科学家自"二战"以后就在思考巨大的生物神经网络是如何成为一个超级计算机的。这种"联结主义"或人脑模式的计算模型和我们熟悉的传统数字计算机很不相同，后者已经彻底改变了人们的生活，但随着智能学习机器的发明热潮，前者正以"深度神经网络"的形式扫荡着一切。

  联结主义模型的运行方式是大量神经元之间的"合作"，即填写和排列信息碎片，很像在拼图游戏中把拼图碎片同时置于正确位置。但是这种版本的大脑机器很难与我们的日常直觉调和，因为我们直觉上认为思维是在信念和欲望的指导下工作的。常识心理学通过把信念、动机、希望和恐惧排列成一个合理的论点来解释我们的行为。比如它会用信念（我知道超市是开着的，它有我最喜欢的报纸，我带了钱）和欲望（我想读这份报纸，我喜欢纸质版而非电子版）来解释我为什么跑到超市去买报纸却没成功。这种解释讲得通是因为它为我的行动提供了辩护，可以解释我的行为（尽管没成功）为什么是合乎情理的。不同于数学证明，它是一步一步组织起来的（我想要一份《号角报》；我可以上网阅读，但必须得盯着屏幕；我肯定街角的超市有售；而这个时间超市肯定开着；我还需要钱，好在我刚刚取了钱；等等）。我们引入假设，得出结论。引入更多的假设，得出更多的结论。如此持续下去。但是我们在识别脸部、音乐风格或物体时，是同时把多种

前言
## 文学布线与心理真相

制约因素"拼合"在一起的,这和上述思考方式很不一致。事实上,对于我怎么认出那个卡通人物是温斯顿·丘吉尔,那个音乐片段为什么属于摩城风格,或者为何我瞥一眼水面就能确定水下是海豹还是尼斯湖水怪,我们并没有特别令人信服的"论点"。简而言之,常识心理学认为,我们的思维和行动根植于推理,但是大量的人类智能活动看起来只是为了找到复杂模式。

合作式联结主义计算模型不仅与基于理性的常识心理学解释冲突,更与许多有关人类思维的科学理论(包括人工智能、认知心理学、发展心理学、临床心理学、语言学和行为经济学等)冲突。这些理论都采纳了思维中藏有信念、欲望等诸如此类的东西的常识性观点,并以此作为它们的研究出发点。如果大脑的计算方式是合作式计算,那么它将产生深远而具有颠覆性的影响。我采用思维计算模型和数学模型已有 30 年,期间调查和收集了许多实验数据,现在不得不说,我们关于思维的直觉概念,还有许多基于此的思维科学理论都存在根本缺陷。

从更宏大的视角来看,这不足为奇。整个科学史不就是一个不断让人惊奇的过程吗?例如,地球围绕着太阳运行,组成物体的化学元素来自死亡的恒星,物质可以转化为能量,生命被编码在双螺旋化学成分里,我们的远古祖先是单细胞生物,等等。本来,思维是一千亿个神经细胞的电子运动和化学反应嗡嗡作响的产物这种观点就已经够惊人了,而我在本书中将提出一种更为惊人的观点,我们需要摒弃关于思维运作的所有认识,包括我们的直觉自省、各种证明及解释!

许多学者对有关思维的常识观点持怀疑态度。从斯金纳到丹尼尔·丹尼特,这些心理学家和哲学家一直怀疑我们能否通过自省探知思维或知觉。还有很多学者怀疑,我们用来解释思维和行动的信念、动机、希望、欲望,与伊甸园、占星术以及希波克拉底的四体液说一样不真实。

但是他们的怀疑对象和我们的不一样,比方说,他们怀疑大脑是否真的是某种计算机。[5] 对此我一直心存困惑,因为大脑的功能就是把来自知觉和记忆的信息整合起来,从中确定世界的状态,然后决定如何行动。简而言之,大脑需要解决极其复杂的信息以处理难题,这个"信息处理"正是计算机的另一个标签。所以我认为,大脑就是一个生物计算机,这是毫无争议的。

真正存有争议而且应该有争议的一种观点是:我们大脑所执行的计算理论和利用信念、欲望等概念构建的常识心理学解释是以相当直接的方式进行匹配的——这是20世纪50年代早期大脑计算模型兴起之后被广泛认可的观点。如果我们的大脑确实有一个数据库,里面填满了我们日常谈及的各种信念、欲望、希望和恐惧,那么发明智能机器将易如反掌,因为我们只需通过向人们提出问题,然后把得到的答案直接写进计算机数据库就可以了。也就是说,如果这种观点成立的话,只要我们能保证自己的讲述大致正确,就能极大地促进认知科学和人工智能的发展。

遗憾的是,常识心理学并不能反映全部真相。我们将会看到,

## 前言
## 文学布线与心理真相

从心理学实验、大脑回路的"布线",以及受益于合作式、人脑式计算的现代机器学习和人工智能处理机制中涌现出了一种非常不同的观点。我们的"计算内核"不是翻腾的大海,里面挤满了体验、感受、信念、欲望、希望和恐惧——不管是有意识的还是无意识的。这种受动机、信念、印象、道德规范和宗教准则驱动的故事其实是我们的大脑杜撰的,但由于它们如此引人入胜,因此我们相信它们是完全正确或部分正确的,或者至少方向是对的。

然而事实上,我们以为自己在不断"内视"的丰富心理世界,其实是我们不断创造出来的故事。安娜·卡列尼娜这个人物不管是真实的还是虚构的,都不存在什么"内在的心理世界"。从这个角度来说,我们根本不可能通过探测她的大脑找到真实的安娜的"内在感受""深层信念""真实本性",正如我们无法通过对托尔斯泰的手稿纸墨进行科学分析,从而挖掘虚构的安娜的内在世界一样。

我挣扎了很久才接受了这个让人困惑的真相。有以下几个原因:首先,有些心理学数据实在让人难以置信。比如说,实验数据告诉我,我的大脑一次只能识别一个单词,但是看着眼前的文本,我十分确信自己能同时看到整个段落——尽管存在不稳定性。实验数据告诉我,我一次大概只能识别一个物体,但是当我扫视自己的房间时,我明显能把整个屋子的沙发、坐垫、书籍、被子、盆栽和纸张都看在眼里。这些违反直觉的实验和大脑表现出的怪异行为让人大跌眼镜,所以不难想象,其中肯定存在某种错误或误解。既然我们有关思维内容和运作的直觉知识基本上都是错的,那么我们肯定也就不可避免地被某种系统的、无处不在的错觉捉弄了。这迫使我得出如下结论：我们自以为了解的有关思维的知识都是骗局，是我们的大脑施加于我们的。我们马上会知道这个骗局是怎么回事，为什么它能把我们骗得团团转。

我抗拒本书所持激进观点的第二个原因是：它不仅与常识冲突，还与有关知觉、推理、范畴化、决策等方面的理论冲突，而后者是心理学、认知科学、人工智能、语言学和行为经济学的核心。在这些学科中，许多最为精妙的思考都是由一些有关思维的直觉概念扩展、修正和细化而来的——当然，这些直觉概念都建立在错觉之上。我与这些学科打了很长时间的交道，现在公然抛弃大部分观点，好像是在故意捣乱。

最后一个原因很简单，那就是我没有找到一个很好的替代方案。然而随着"人脑模式"计算的精进和机器学习水平的进步，我认为一种好的替代方案已经开始成形。[6]研究者逐渐发现，要想让计算机表现出智能行为，最好的方法不是从人们的话中抽取知识和信念，而是设计一种擅长从经验中学习的机器。比如我们想设计一个具有顶尖对弈（双陆棋、象棋或围棋）水平的计算机程序，最好的方法就是让它们玩大量的游戏，从这些经验中进行深度学习，因为仅仅把高手使用的知识、灵感和策略"写进程序"并没有什么用——事实上，机器学习程序已经可以在很多游戏中打败最好的人类玩家了。

写这本书固然欣喜，但也令人不安。作为一个学者，我目前

# 前言
## 文学布线与心理真相

在华威商学院行为科学组工作，一直专注于那些具体而多样的思维问题，如推理、决策、知觉和语言等。除此之外，我还在和决策技术有限公司的同事合作，承担一些广泛而实用的行为科学项目。不管是和学术相关还是和实用相关，谨小慎微和待在舒适区都是最明智的选择，但是本书将反其道而行之。我将把谨小慎微扔到一边，尽我所能地告诉你一个更具说服力的关于思维如何运作的故事。事实上，我不仅想把它讲给读者，更想讲给自己，我要从过去充斥我日常生活的观察、数据和理论中走出来，问自己："这些大杂烩意味着什么？"为此，我需要把点连成线，从具体推出一般，并进行大量彻底的猜测。当把一个多世纪的心理学、哲学和神经科学的数据和洞见整合之后，我得到了上述怪异、激进而具有颠覆性的结论。我认为，这种视角在过去几十年间一直在认知科学、脑科学等领域中壮大，尽管这些领域还是"老样子"，但"老样子"再也行不通了。当我们严肃地对待有关思维和大脑的科学发现时，我们将不得不重新思考有关自身的一切知识。这需要对大部分心理学、神经科学和社会科学重新做出系统的思考，同时也需要对我们如何看待自己和他人有一个革命性的转变。

我在写这本书时得到了很多帮助。我的想法之成形得益于和迈克·奥克斯福以及莫滕·克里斯琴森持续几十年的谈话，还有与约翰·安德森、戈登·布朗、乌尔丽克·哈恩、杰夫·辛顿、理查德·霍尔顿、乔治·勒文施泰因、杰伊·麦克里兰、亚当·桑伯恩、杰瑞·塞利格曼、尼尔·斯图尔特、乔什·特南鲍姆和詹姆斯·特

思维是平的

雷斯利安等经年累月的讨论。当然还有很多其他好友和同事，就不一一列举了。这本书也得到了诸多项目的慷慨资助，包括ERC（英国经济研究理事会）、ESRC（英国经济和社会研究理事会）整合行为科学网络和利弗休姆基金会。我的来自华威商学院行为科学组的同事为许多探索性的项目（包括本书）提供了完美的学术氛围，华威大学的跨学科精神和创新精神也为本书提供了灵感来源。此外，我的来自费莉西蒂·布赖恩联合公司的助理凯瑟琳·克拉克和来自企鹅公司的编辑亚历克西斯·柯什巴曼及劳拉·斯蒂克尼也为本书提出了很多意见、建议和鼓励。我还要感谢我的妻子路易·富克斯、我的女儿玛雅和凯特琳·富克斯，她们在本书艰难而长期的酝酿中为我提供了无私的支持，也就某些观点提出了批评意见。最后，我要感谢我的父母罗伯特·查特和多萝西·查特，没有他们的信任、爱与支持，我的研究生涯不可能持续到现在，更别提完成这本书了。

第一部分

心理深度错觉

# 1
# 虚构的智慧

在虚构作品中，马尔文·皮克的歌门鬼城是最为诡异的场景之一，它不仅巨大而扭曲、古老而衰败，还有着极为罕见的建筑风格。皮克的视觉想象精彩绝伦，他利用奇崛而惊人的文笔创造了一个孤独、饱满和细腻的世界——他本人不仅是作家，还是艺术家和插画师。所以你在阅读《泰忒斯诞生》和《歌门鬼城》时，歌门鬼城的背景会逐渐占据你的想象。可是这些年出现了一些特别执着甚至有点儿痴迷的读者，试图根据书中的零散描述还原鬼城的布局。这在我看来是个不可能完成的任务，因为作者对主走廊、城墙、图书馆、厨房和道路以及巨大而衰落的侧楼的描述，就像对鬼城里角色的描述一样纠缠不清、自相矛盾，由此还原出的鬼城地图或模型必将前后不一和混乱不清。

撇开皮克的虚构魔力不谈，其实这一点儿都不足为奇。虚构一个地方就好像设置填字游戏一样，每一处描述都为虚构的城堡、城市或乡村的布局提供了线索，然而随着线索的增加，把它们成功整合在一起将变得异常困难——事实上，几乎不可能。这对《歌门鬼城》的读者和作者来说都是一样的。

虚构世界保持前后一致的问题当然不限于地理，故事在情节、形象和细节等方面都必须讲得通。为了把这方面的错误降到最低，一些作者付出了巨大的劳动。托尔金把《霍比特人》和《魔戒》的故事背景设置在中土世界，这里有详尽的历史、神话和地理，还有完备的地图，以及他自己创造的"精灵语"——这门语言有着完备的词汇和语法。还有一个极端的例子是女作家里奇马尔·克朗普顿。她通过粗枝大叶式的故事细节创造了一个调皮可爱的形象——学校男孩威廉·布朗，并对书中那些明显的矛盾"供认不讳"（如主人公的母亲有时叫玛丽，有时叫玛格丽特；他最好的朋友有时叫金杰·弗劳尔迪，有时叫金杰·梅瑞迪）。

所以说，使虚构区别于事实的正是前后不一。真实世界虽然看起来有可能让人感到困惑、荒谬可笑甚至背道而驰，但它绝对不可能自相矛盾。由此可见，对一座城堡或乡村的描述可以讲不通，但真实的城堡或乡村绝对是前后一致的，所有汇集的事实（包括距离、照片、经纬仪测量值、卫星图像和地质测深）必将产生一个连贯的场景，因为独特而真实的世界毕竟只有一个。但是要避免虚构世界自相矛盾，就必须保持高度警惕，可是就算你有超群的记忆力，且付出了巨大的劳动，最终还是会发现许多矛盾。比如，大量粉丝在对托尔金的中土世界进行细致的分析之后，就发现了再明显不过的矛盾。

# 第一部分
**心理深度错觉**

可见，虚构"世界"显然存在信息稀缺问题，即使是皮克和托尔金精心虚构的世界也不能幸免。真实世界中的每个人都有确切的生日、指纹和牙齿数目，但是在虚构世界里，大部分形象都不具备这些特征或其他特征——不管是重要特征（如血友病的显性基因），还是次要特征（比如和猫王的确切家庭关系[1]）。

但是，虚构作品的信息稀缺还有更让人深思的一面。再回到安娜·卡列尼娜身上。她的公众形象、人际关系和身份认同都取决于她的美貌，但是她究竟长什么样子？艺术家和杰出的封面设计师彼得·门德尔桑德指出，托尔斯泰对此只有只言片语——她有浓密的睫毛，嘴唇上方覆有浅浅的软毛，此外就没有更多的描述了。[2] 那么她高不高？头发是金色的、红色的，还是褐色的？眼睛是蓝色的，还是褐色的？这些都没有交代。令人惊异的不只是托尔斯泰提供的信息之少，更重要的是我们根本就没有在意甚至在乎过这类信息。我们在阅读时主观上能感到这个故事的主人公有血有肉、三维立体，不是模糊的简笔画，但托尔斯泰对于这个有血有肉、三维立体的女人却着墨不多。

当然，有人可能会反驳说，文学作品不关心人物的外在长相，只关心其内心世界。但事实是，安娜的内心和她的外貌一样简略。安娜到底是个什么样的人？和她谈话具体是什么感觉？她如何看待沙俄的现状和不平等现象？她对因与渥伦斯基相恋而遭到的谴责是否不屑？她是否因此被压垮？托尔斯泰的小说的迷人之处就是它并未回答这些问题，而是保持了紧张和迷人的开放性。我们

## 思维是平的

可以把安娜"读"成各种样子,她可以是勇敢的、痴迷的、浪漫的、无畏的、狂野的、压抑的、钟情的或者冷酷的,对于这些特征,我们可以有不同程度的解读,还可以进行组合。这种开放性意味着安娜的外在和心理特征并没有被小说文本固定下来。

现在回想一下我们在"前言"中提到的"真实安娜"。假设《安娜·卡列尼娜》是一部文学传记,而非虚构的故事,那么所有关于安娜的缺失的事实(如她的外表、基因组、和猫王的关系)都能得到确定。比方说,我们可以通过合作研究挖掘出一些事实(如通过细致的基因分析找出她与猫王的共同祖先,猫王很可能就住在17世纪的基辅)。当然,考虑到其生活痕迹没有完整留存,也有一些事实(如她12岁生日时的身高)可能无法还原。可是,如果我们知道得够多,是否就存在一个对安娜生活的真正"阅读"呢?也就是说,我们是否可以对其个性特征、动机和信念做出确切的描述呢?

我们前面提到,虚构作品有两个特征:不一致和稀缺性。当安娜尝试解释其内心世界时,她注定会像马尔文·皮克的歌门鬼城一样陷入混乱、前后不一和自相矛盾。首先,她的解释具有内在稀缺性。比如她对沙俄社会的诸多现象、她身边的各种人物,以及她自己的目标和志向,都没有太多的主见,很多话题她一辈子都没怎么思考过。真实的安娜可能和猫王有亲戚关系,但是沙俄农业改革的各种模式优点如何、沙皇的未来如何,她并没有系统的思考。她当然可以根据需要编造或表达意见,但是这些意见要么模糊不清,要么极易陷入矛盾。由此可见,真实的安娜和虚构的安娜一样,其思维也是一部虚构作品;我们的思维不会更加"真实"。正如虚构的安娜是托尔斯泰的大脑创造的简略而矛盾的形象那样,真实的安娜其实也只是她自己的大脑创造的同样简略而矛盾的形象。

外部世界则恰好相反,充满了我们知道或不知道的具体细节。比如,我的咖啡杯是在某个星期中特定的一天买的,而且它是在一个特定的窑炉里以特定的温度烧好的。它的重量是具体的,与赤道的水平角度也是确定的。真实世界在一致性上不会错,因为各种事实如果要在同一世界里和谐共存,就绝对不能允许矛盾发生。

与之相反,我们的信念、价值、情感和其他心理特点,就像歌门鬼城的迷宫一样纠缠不清、自相矛盾。正是从这个特定的意义出发,我们可以说,所有形象,包括我们自己的形象,都是虚构的。换句话说,不一致和稀缺性不仅是虚构作品的特征,更是心理生活的标志。

## 人工智能和"内在祭司"

我们的思维看上去破碎、矛盾,这几乎没什么争议。有争议的是,破碎可否消除,矛盾可否化解。安娜·卡列尼娜所在的世界,还有她的大脑,都是托尔斯泰虚构的,所以谈不上什么"客观真相",更不要说提供所需的细节了。但是对于真实的人来说,或许真的存在某种客观真相,前提是我们寻找得足够仔细。很有可能，它就藏在我们的体内，提供了信念、动机、欲望、价值和计划的具体定义。很有可能，我们确实拥有丰富的内心世界，我们的思维和行动一直听令于这个完整而连贯的内在王国。如果用心寻找的话，我们甚至能够揭开它的神秘面纱，一窥内心深处的具体内容。比方说，我们可以通过自问自答的方式尽可能清晰地描述和解释知识，这等于向"内在祭司"咨询。如果这种方法可行，通过仔细研究，我们就能把内在祭司恩赐的"智慧"整合起来，去粗取精，填补空缺。

以上方法可行吗？只有实践才能证明。两千年来，哲学一直试图把有关因果、美德、空间、时间、知识、思维等方面的常识观点梳理清楚。科学和数学就是从常识起家并发展延伸的，以至创造的许多概念（如热、重量、力量和能量等）不仅既新奇又复杂，还经常与我们的直觉背道而驰。比方说，我们直觉上不会去区分热量和温度，也不会去区分重量、质量和动量；我们以为（就像亚里士多德当初认为的那样）身体不受外力就会停止运动，但现实是它会继续匀速前进；直觉不会告诉我们热量是一种能量，也不会告诉我们，只要把东西移到山顶、进行化学反应或把橡皮筋绷紧就能把能量储存起来。

就是因为统治物理世界的动力学法则、热力学法则等等常常与我们的直觉相反，一代又一代的学生总是在为学习物理犯难。由此，我们也就可以理解内心深处的"内在祭司"所掌握的知识肯定不是类似于物理学那样的知识。[3]

# 第一部分
## 心理深度错觉

现在,当然不会有人真的认为我们每个人的心里都住着一个牛顿、达尔文和爱因斯坦,但他们确实创造了我们对这个物理世界的常识性解释。事实上,我们的内在祭司可能确实有其独特之处,它可能是一种简单的、直觉性的,并且与物理学、生物学、心理学类似的常识,而且很有可能,我们的思维正在被这种常识理论约束着。它虽然不是艰难的科学发现,但也是一种理论。

这是一个十分诱人的想法。事实上,从 20 世纪 50 年代开始,人们已经花费了几十年的时间去努力完成一个复杂至极和凭一己之力难以完成的挑战,即细化常识理论。他们的目标是实现人类思维的系统化和组织化,从而复制思维和制造像人类一样思考的机器。这就是人工智能——我们这个时代最大的技术挑战之一!而以上想法正是该领域早期的指导思想。

20 世纪五六十年代及之后的人工智能先驱,和他们在认知心理学、哲学、语言学领域的合作者,都很严肃地对待思维具有深度这一观点。他们理所当然地认为,我们有意识地体验并能用语言表达的思维来自我们当前无法意识到但预先存在的思维大海、网络或数据库。在每一个被表达出来的思维表层之下都潜藏着无数其他的思维。所有这些潜藏的知识不仅不是混沌的,还可以被梳理为有序的理论。所以,为了模仿人类智能,我们可以采用以下策略:

步骤 1:挖掘心理深度,让储存着信念的所谓内在仓库中的东西尽可能多地被带到表面上来。

步骤2：实现知识的组织化和系统化，以揭示潜藏的常识理论。不只用"普通的英语"记录这类知识，还要用它能够处理的整齐而精确的形式化语言在计算机数据库中为其编码。

步骤3：设计一套能在数据库之上进行推理的计算方法，实现利用常识理解新经验、使用语言、解决问题、做出选择、制订计划和进行对话的智能行为。

早期试图通过复制人类智能来发明人工智能计算机程序的做法就采用了这种方法。当时有许多哲学家和心理学家对此持怀疑态度，认为这种方法注定失败，因为用我们的术语来说，心理深度很有可能是个错觉。可是研究者不为所动。他们认为，哪怕只有一丝成功的希望（尤其在没有其他方法的前提下），就值得一试。如果成功，那么通过捕捉和改造我们所了解的世界进而创造真正智能的机器将会是史无前例的成就！

期望越大，失望越大。研究带头人曾经预言，人工智能在二三十年内就能达到人类的智慧水平。这样的预言保持了几十年，结果进展越来越慢，挑战却出乎意料地增加了。到了20世纪70年代，怀疑声四起；20世纪80年代，计划几近停滞。事实上，从那时起，模拟人工智能的计划就被悄然放弃了，人们转而投身于像计算机视觉、游戏对弈、语音处理、机器翻译、智能机器人和自动驾驶汽车这样的专门项目。从20世纪80年代开始，人工智能在解决这类问题上取得了令人瞩目的成功，而这都拜完全放弃

第一部分
**心理深度错觉**

之前的经验的做法所赐。

在最近的几十年里，人工智能研究者取得了许多进步。他们制造的机器人不向人类学习，而是在直接面对有待解决的问题的过程中学习。事实上，很多人工智能领域已经变异为一个独特但相关的领域——机器学习，其原理就是从图片、语音声波、语料库、象棋游戏等大量数据中获取信息，而不是从人类身上获取信息。而这一切成为可能，要归功于一些前沿技术取得的进步，包括计算机的运行速度更快、数据集变得更为庞大、学习方法更为智能等。值得一提的是，人们在这个过程中从未发现人类信念的踪迹，也从未重新构建出常识的理论。

## 解释深度错觉

过去发明人工智能的做法是：把人类的思维抽取出来，予以系统化处理，并基于它们推理或者诱导出内在祭司的"理论"。这种做法失败了，但"吃一堑长一智"，它说明步骤1的设想根本不现实。人们一直在为他们的思维和行动进行辩解，当我们就他们所说的内容继续追问时，他们还会给你讲出更多的道理。但是通过分析这些口头描述，我们发现它们不过是一些碎片的集合，相互之间只具有松散的联系。比如，国际象棋特级大师根本解释不清他们是怎么下棋的；医生说不清他们自己是怎么看病的；而我们也说不清自己是如何理解周围的人和事的。我们说的话听起来像解释，但其实都是临时的信口开河。

当人工智能研究试图执行步骤2时，这一点就更加突显出来。步骤2的设想是：把碎片排列和梳理成一个连贯而完整的数据库供人工智能系统使用。这个任务根本没有希望完成，因为人们道出的知识碎片不仅简略至极，还自相矛盾。这样我们也就无法执行步骤3，即让计算机使用抽取出的人类知识进行推理。

他们最后发现，即使是有关日常世界最基本性质的简单知识也很难处理。比如人们认为，决定我们与物理世界日常互动的是常识物理学，人工智能研究者曾希望把它们抽取出来。这在20世纪六七十年代确实像个开启捕捉人类知识计划的好起点。[4] 但半个世纪过去了，我们还在原地踏步。

怎么会变成这样呢？让我们暂时先考虑一下熟悉的常识物理学，即我们有关日常物体或物质行为的共有知识。你可以思考一下，你对咖啡、滚珠或砂糖落到厨房地面时的行为表现知道多少。众所周知，咖啡会溅开，变成滩状或滴状；砂糖会形成一个小堆，或者会更均匀地散开；滚珠则会四散开来，消失在家具和电器下面。

看来我们对日常生活中的事物的规则确实略有所知，但如果让你解释为什么会这样时，你会意外地发现相当困难。你当然可以给出很多解释，比如，就咖啡散开而言，你会说"水往低处流"，但是这无法解释为什么一部分聚在了一起，另一部分却溅了出去。你可能会认为这是水的缘故，因为水喜欢聚在一起，而它又是液体咖啡的主要成分，这样就能解释为什么咖啡在空中时呈水流或水滴状，但最后却以圆形的斑点和碎片的形式聚在了一起。

第一部分
**心理深度错觉**

可以想象，这个解释会一直持续下去。

那么砂糖的现象又该如何解释呢？由于某种原因，它不会像咖啡一样溅开，但它也不喜欢"聚"在一起。它落到地面时会稍微散开，但不会散开太多，这必定和它粗糙的表面有关，因为在散开时会遇到阻力。如果砂糖表面超级光滑或超级粗糙，结果还会一样吗？那咖啡是不是会表现得像毫无阻力或几乎没有阻力的砂糖一样呢？我们猜测，砂糖也会"往低处流"，就像咖啡一样，但不会太明显。当然，如果来了一阵风，它也会四散开来，从而平铺在整个地面上。滚珠又不一样，它们表面光滑坚硬，也不喜欢聚在一起。当一个滚珠被另一个滚珠侧向击中时，两者会朝不同方向弹开。具体原理还不清楚，但滚珠的弹性很重要，那种面团式的球肯定不会弹开。这听起来很奇怪，因为滚珠好像没什么弹性（不像橡胶球）。

现在想象一下咖啡、砂糖或滚珠掉进空塑料桶或装满水的桶里会发生什么。你对此也能做出解释。值得注意的是，每一次解释都好像是全新的，且常常和前面的解释互不兼容。这些解释并未遵守相同的基本原则，甚至可以说是天马行空。此外，每个解释的每一环节都可以再解释，比如：为什么水喜欢"往低处流"？为什么滚珠会弹开？为什么砂糖在掉进水里后会溶解？等等。[5]

果然，我们在这里又触及稀缺性和不一致的问题了。我们的解释漏洞百出、前后不一，心理学家把这种现象称为"解释深度错觉"：我们在感觉上理解了，但根本无法给出令人信服的解释。[6] 不管是解释冰箱怎样工作，解释怎样骑自行车，还是解释潮汐是怎么形成的，看似高明的解释其实都充满了支离破碎、自相矛盾的臆想。

上述问题影响深远，根本无法补救——这可能是人工智能研究人员在最初几十年里唯一的重大发现。他们最初的假定是，我们的直觉性口头解释需要去粗取精、重新整合，只要寻找得足够仔细，就一定能找到最核心的常识理论。这些观点和概念只是需要进一步加强巩固和敲打成形罢了。他们抱有的希望是，通过把口头解释梳理得井然有序，可以把它转化为某种清晰而又全面的理论形式，这样计算机程序就能为其编码了。

结果并不如人意。这批人工智能的探索者，其创新能力、数学水平和意志力都是顶级的，但他们很难把口头知识转化为可利用的形式，而且一次都没成功过。我们对物理世界、人类社会、经济世界或道德、审美判断等的解释之所以如此混乱，并不是因为我们解释得不够好，而是因为其内在本身就是混乱的。

我们的口头辩解并非对埋藏于内心深处的稳定而现成的知识碎块，以及我们借以推理的连贯理论的如实报道。实际上，它们都是暂时的、即兴的，是在当下创造出来的。我们一直在向常识物理学、心理学、伦理学等领域的内在祭司咨询，希望揭开它内在的智慧，结果证明它不过是骗子、牛皮大王和虚构大师！

## 哪些人相信内在祭司？

我们的创造力被严重低估了。我们的"内在祭司"擅长讲故

## 第一部分
## 心理深度错觉

事,它用流畅而可信的故事把我们骗得团团转。但是,所谓的心理深度是思维虚构出来的,并不会比歌门鬼城或中土世界更真实。事实上,思维是平的,心理世界中只有"表层",它除了由瞬间思维、解释和感觉体验构成的意识流,别无其他。

心理深度错觉的影响比我们最初的预想要大得多。2 500年以来,哲学一直尝试把我们的直觉知识和关于某些核心概念的口头解释系统化——这些概念包括美德、事物之本质、灵魂与肉体、知识、信念、因果等。如果有关这些概念的直觉和解释真的可以整合,那么这种做法也未尝不可,但关键是这种连贯的理论从未成形过。

在19世纪末和20世纪,部分哲学家开始探索如何把混沌的常识形式化,这种路径后来演变为分析哲学传统,并产生了巨大的影响力。戈特洛布·弗雷格、伯特兰·罗素、早期的维特根斯坦等人都曾尝试过借助作为表达手段的语言来把常识系统化——更具体一点儿来说,就是通过把有关意义的直觉知识系统化来明确语言中的逻辑结构。在他们看来,把语言和意义弄清楚是非常关键的一步,这样才能对宏大的哲学问题发起间接攻击。他们的思路是,如果能把思维在语言中是如何表达的这个问题搞清楚,思维中的诸多困惑自然就消失了。但是结果发现,我们关于语言和意义的直觉同样充满了令人绝望的漏洞和矛盾。对于一些基本问题,如名称的意义,直觉要么缺席,要么互相冲突(比如人们对虚构形象、拥有笔名的人和拥有同样名字的多个人这类微妙的问题感到困惑不解）。这再一次说明，认为人类思维内部存在某种关于意义的连贯理论，并且可以通过直觉和反省挖掘出来的观点是错误的。我们对语言意义的使用和看法都是混乱而矛盾的。

对任何常识观念（如意义、真理、知识、价值、思维和因果等）的直觉认识都存在矛盾，哲学家对此亦有细致反思，但只是采取了小修小补的做法，结果又发现了新的漏洞和矛盾。如果思维不是个理论家，而是个话痨，那么任何常识性的、直觉性的理论都无法被构建出来，正如热情的粉丝永远无法绘制歌门鬼城的确切地图一样。[7]

与此同时，语言学界开始追随诺姆·乔姆斯基的脚步，力图借助生成语法把语言的结构系统化。他们的目标是把那些句子合法的直觉构建成一个在数学上严格的理论，由此捕捉到每个人的语言知识本质。但是这种做法也受挫了。语言中观察到的结构模式同意义一样，充满了不一致的规则、次规则和明显的例外。[8]

经济学也是如此。经济学家的假设是：消费者和公司对于世界（或者说与经济相关的世界）应该有一个完整一致的理论，例如他们应该对自己的喜好有着清楚的认识。市场行为可以被认为是从"超级理性"的主体间的互动中涌现出来的。从数学上来看，这种设想非常精致，但也遭遇了挫折：一方面，许多心理学和行为经济学的实验表明，我们的信念和喜好是极其模糊和矛盾的；另一方面，慌乱的个体决策者（如期望时歇斯底里，恐慌时孤注一掷，再如盲从或过度反应等）会给市场或整个经济造成难以预

## 第一部分
## 心理深度错觉

计的波动。

商业和政策中也存在上述假设。市场研究者想要弄清楚我们想要什么商品或服务；决策分析师想要弄清楚像机场或发电站这种复杂项目的投资人有什么信念和喜好；健康经济学家则尝试把稳定的货币估价应用于疾病、残疾和生命本身。所有这些做法都受阻于同一个问题，即我们的直觉具有矛盾性和局部性。人们习惯于对同一个问题给出非常不同的答案（甚至在仅仅过了几分钟之后），而且面对不同的提问方式也会给出不同的答案。在实际选择中也存在这个问题（比如人们都很珍视自己的生命，但仍然会执迷于一些危险行为）。我们对各种问题发表意见（比如核动力、气候变暖或政府是否应该资助研制治疗癌症的新药），可是这些意见大多很肤浅，大部分人对这些问题的见解不会比对冰箱工作原理的了解更高明。不管这些意见高明与否，它们都不会来自某种连贯的、完全被阐明的常识理论。因为人工智能的实践已经给我们提供了前车之鉴，根本不存在这种理论。简而言之，我们有关日常物理学、心理学、道德、意义或欲望的直觉都是矛盾的，这和皮克对歌门鬼城的描述没什么差别。

还有一种颇具诱惑的观点认为，思维和生活中的矛盾和混乱正是对我们内心当中存在多个互相冲突的自我的例证。比方说，我们很有可能是"有意识自我"和"无意识自我"斗争的产物——后者不同于前者，是看不见的、返祖的，甚至是黑暗的。但是，增加这些自我并不能解释"自我"及其思维、动机和信仰的矛盾性，这就像增加多个鬼城并不能解释皮克对它的描述的矛盾性一样。[9]

## 心理学：艺术还是科学？

对于本书得出的结论，我纠结了几十年，关于这一点，我在"前言"里也提过。你们可能觉得很奇怪，因为许多人都觉得"人类本质上是杜撰故事的即兴表演者，持续即兴解读这个世界的"观点，从许多角度来讲都是相当迷人的。

首先，我们的思维无法以可被计算机复制的方式整合在一起，这恰恰证明了人类的自由、创新和天赋无法被还原为计算。

此外，这种反直觉思维的视角在艺术、文学和人文学科看来理所当然，甚至算不上什么新发现，因为这些领域的研究者也一直认为，他们对人类及其行为的解读是具有冲突性的、零碎的和多变的。事实上，有许多学者还进一步主张：人类的本质不可能也不应该从科学视角来理解。或许我们应该拥抱我们对自己及他人的直觉解读，正视其漏洞和矛盾，因为这就是人类行为的全部。

从这个视角出发，心理学不应与科学为伍，而应与艺术、人文学科为伍。要想了解人类，就需要针对我们对思维和行动的解读，以及我们对他人的解读的再解读进行诱导、反思、分析、挑错和重构，一直持续下去。如果真是这样的话，我们或许应该发明一种新的心理学：在这种心理学中，每个人看待自身及他人的视角都是合理的；任何观点都可以被重释、辩驳、颠覆甚至复活；

# 第一部分
## 心理深度错觉

对思维和行为的理解可以进行开放讨论，没有且永远不会有"正确答案"。

许多人觉得这很令人振奋，还认为这把心理学的地位提高了，但我并不这样认为。在我看来，我们对自己的了解只会把我们引入歧途，这就像进入了一个满是镜子的屋子，本来每个人的直觉就破绽百出、毫无根据，现在又经过了镜子的反射和扭曲，最终得出的只能是非常不充分的直觉解释。对我而言，这不是解放，而是虚无主义；不是把心理学从科学的束缚中释放了出来，而是彻底抛弃了通过科学理解人类的做法。

把心理学视为艺术和人文学科是认识到心理深度错觉之后矫枉过正的一种做法。这种做法让我们认识到了我们平常对于思维和行动的口头解释是临时的、即兴的、局部的和矛盾的，但又增添了更多晦涩的口头猜测，如对梦、联想、情节、多重人格、隐喻、原型和现象学的猜测。这种天马行空但不足为凭的想象必将得到不可信的结果，这就像用一个童话解释另一个童话的由来一样。

思维科学需要一种相反的路径，即探索作为人类智能核心的"即兴引擎"是如何从人类大脑机器中构建出来的。因为大脑从根本上来讲是个生物机器——具体而言，是一架由上百亿个脑细胞紧密相连形成的网络构成的机器。这架机器可以创造、即兴表演、做梦和想象。搞清楚它是如何工作的，即神经回路中的电子活动和化学反应是如何产生思维和行动的，是科学领域最大的挑战之一。

早期人工智能使用的方法一开始颇具诱惑,即假设人类大脑运作的原则和计算机差不多。对于计算机,程序员可以在上面写程序,而我们又可以在程序上面打字。我们在日常语言中产生的符号解释,看起来和计算机语言及数据库使用的符号表征没有太多差别。我们只需要把这些直觉和解释略加整理——补充缺漏、消除矛盾,就能把它们转化为内在数据库的内容。有了这个基础,我们就可以进行符号运算了。这批研究者把我们杜撰的故事、理由、直觉和解释直接拿来,然后尝试把它们整理成机器能够推理的理论。但是我们已经看到,这种方法从来没有奏效过,将来也不会奏效。因为我们讲的故事是临时创造出来的,经不起推敲,且前后不一,和内心深处的理论根本没什么关系。

事实上,一直以来还存在另一种视角,即生物计算,它和传统计算机的符号计算截然不同。我们将在第二部分探索这种大脑使用的"合作式"计算,给大家讲述思维如何运作,让大家知道不断翻新的思维流是如何从大脑这个机器中产生的。但是在此之前,我们需要澄清那些关于思维的直觉观念,因为只有辞旧才能迎新。大家会发现,心理深度错觉比我们看到的更隐蔽,更无孔不入,而揭示这些错觉、重新看待我们的思维,就是第一部分剩下的内容的主题。

# 2
# 从"不可能物体"到 21 点错觉

## 从文字到图片

歌门鬼城只是一个虚构物,却给人一种完整一致的感觉。这一点儿都不奇怪,因为当我们阅读一部小说时,只能一个词一个词地"触摸"其中的虚构世界。收集信息碎片的观察孔都如此之小,整体上的漏洞和矛盾很容易被忽视也就不足为奇了。可见虚构的故事和真实的故事很难区分,它们都给人很真实的感觉,即使是创作者自己都觉得他们虚构的世界、角色和城堡是真的,因为他们总说人物角色和整个故事逐渐有了"自己的生命"(尽管在一般人看来他们应该对其虚构性心知肚明)。但其实这不过是个隐喻:除了纸面上的文字,虚构世界及其角色都是不存在的。

现在,让我们来看一下由当前感觉体验构成的"内在世界"。先把你脑海中絮絮叨叨的意识流放在一边,把注意力集中在你当前感受周围世界的心理"图片"上,包括其颜色、细节和所含的物体。你可能会这样想:这个感官世界的"图片"应该不会是通过一个小观察孔被一块儿一块儿地窥见的吧？它应该是作为一个连续的统一体被同时"下载"到思维中的。如果确实是这样，那么这个瞬间体验的"内在世界"就应该是连贯的，因为我们可以看到整体，如果有什么漏洞或矛盾，我们也能够立刻找到。所以说，故事可以存在漏洞和矛盾，但图片不可以——难道不是这样吗？

但是这一章将告诉大家，这种能一下子"抓取"眼前整个视觉世界的感觉也是个骗局。我们心里对现实世界进行描绘的"图片"充满了和虚构世界或常识解释一样多的矛盾和漏洞。

瑞典艺术家奥斯卡·雷乌特斯瓦德把自己的一生都献给了"不可能物体"的创作。这些图形看起来简单，却充满了欺骗性。图1是他比较有名的三幅作品，被印在了精致的瑞典邮票上。从整体上看，每个"物体"都是非常连贯、平凡无奇的三维几何图，但再仔细看，你会发现对各个局部的解读都是无法"合为一体"。[1]

图1左侧的图形是由浮在空中的方块构成的，看起来不过是个普通几何图形。但再仔细观察会发现：图形从局部来看是合理的，却无法合成一个整体。哪里出错了？我们对图形的局部做出了三维解读，但是这些解读却无法整合成一个统一体，这太奇怪了！这些看似无辜的图形经三维解读之后陷入了自相矛盾：它们看起来是三维的，但实际上不是。

"不可能物体"在旁人看来只是雕虫小技，却为我们一窥知觉的本质提供了一扇窗口，也为我们揭开思维的本质提供了一个强大的隐喻。

# 第一部分
## 心理深度错觉

**图1　瑞典人把雷乌特斯瓦德的"不可能物体"印在了精美的邮票上**

那么,"不可能物体"对我们有哪些启示呢?我觉得可以从中得出三个结论——我接下来还会以各种形式不断地重申它们。首先,对于知觉的运作原理,常识观点大错特错。根据常识观点,我们的感觉会匹配外在世界,从而形成某种内在拷贝。这样,当我们感知一本书、一张桌子或一个咖啡杯时,我们的思维会召唤某种模糊的"心理"对应物;或者说,思维是自然之"镜"。[2] 这种观点不可能为真,这些物体不存在三维"心理复制品",因为它们从三维的角度根本就讲不通。由此可见,把思维比喻成镜子是错误的,我们需要探索一种非常不同的观点——知觉需要推论的参与。

其次,我们体验不可能物体的方式说明,大脑"抓取"图形各个部分的时间是不同的。当我们对图形的各个部分进行扫描时,会发现它们孤立来看都具有前后一致的纵深感。而且,对每个部分(尤其是柱状物、块状物和板状物)做出的三维解读也是前后一致的。但是当把它们整合在一起时，就会发现这些解读出现了矛盾。所以说，大脑是一块儿一块儿地观察和想象这个世界的。

　　第三点与我们的不当自信有关。当我们看着那些不可能物体时，我们非常相信眼前的图景是三维的（虽然有点儿怪异）。但是这种自信"感"完全错误，因为我们眼前的图形实际上是平面的，且不存在三维解读[3]——这是深度错觉的又一个例子。深度错觉，不论就其字面意义（如不可能物体）而言，还是就其隐喻意义（如我们讲的故事和做出的解释）而言，都是无处不在的。

## 漏洞百出的感觉体验

　　视觉"世界"是自相矛盾的，那么它是否也是漏洞百出的呢？看起来不是这样的，因为当我扫视房间时，明显感觉到自己可以同时看到墙、家具、地毯、电灯、计算机、咖啡杯和散乱的书籍纸张。这种感觉体验的直觉总不会出错吧？

　　我们先来看一下与眼睛相关的基本解剖学，看完你可能就会对"世界是丰富多彩的"这种直觉有所怀疑了。从中央凹（视网膜上聚在一个小窝里的专门探测色彩的"视锥细胞"，你可以用它来观察任何感兴趣的事物，见图2）向外，色彩视觉敏感性会平滑而快速地下降。事实上，对于那些位于你直视对象不远处的物体，你几乎是个色盲，因为占据你大部分视野的"杆状"细胞只能探测到黑色和光线。眼睛的基本解剖学告诉我们，除了我们正在直视的一小块区域，对于其他地方的物体，我们只能看到黑色和白色。我们当然确

# 第一部分
## 心理深度错觉

实会感觉到整个"主观视觉世界"充满了色彩,但这无疑是个错觉。

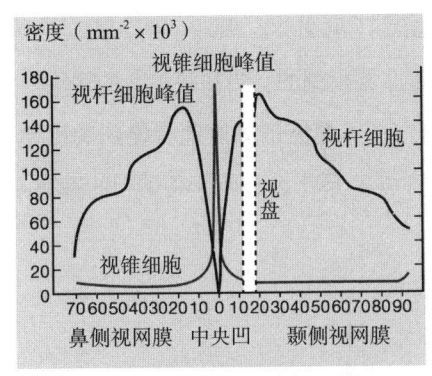

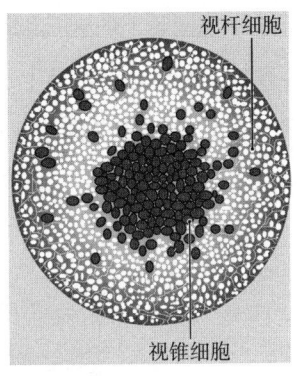

**图 2　眼睛里对光线敏感的细胞的密度**[4]

既然说到了视网膜,那么我们还需要知道,视锥细胞不仅能探测颜色,还可以选择精细的细节。正是由于这个原因,你的眼睛才可以指派中央凹注视眼前正吸引你去阅读的文字。事实上,视觉敏感性从中央凹往外会平滑而快速地下降。下降的速度不是任意的,而是经过精确调校的,这样,在尽可能大的范围内,我们的知觉能力就不会受到映入视网膜的物体大小的影响了。正因如此,我们才既可以识别远处的朋友,看清计算机屏幕上的缩略图,或认出较小的字体,又可以辨别逼近的脸庞,在电影院前排也能看到特写镜头,或离得很近时也能看到巨大广告牌上的图像。这种随意放大或缩小的能力要求我们的视觉"资源"在被分析区域越来越小时更加集中。

看一下视觉锐度图(图 3,视觉锐度指一种辨识目标物清晰度的能力,可以通过验光师偏爱的那种写满了大大小小的 E 的视力表来获取），我们就知道我们的视觉可以多么集中了。该图精确地反映了视网膜上的视锥细胞密度（见图2）。观察表明，视觉边缘不仅缺乏颜色，在细节上也是非常模糊的。当扫视眼前的房间时，我有一种整个场景都被我的内在体验巨细无遗地捕捉到的感觉，但这是一种错觉——不管我注视的是什么东西，我见到的都只是一片模糊。

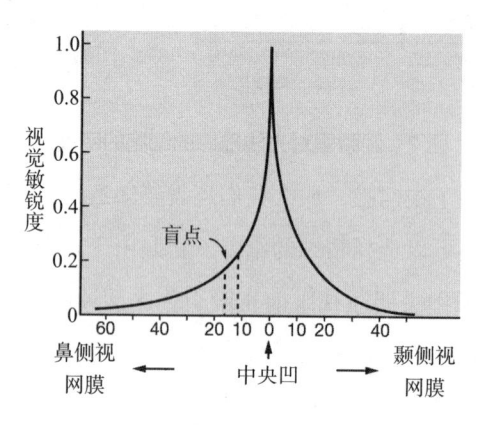

**图3　视网膜的视觉锐度**

视觉清晰度平滑下降，但从中央凹顶峰往下，坡度特别陡峭。视觉锐度完美地反映了视锥细胞的密度（见图2左侧的图）。[5]

可见，眼睛解剖提供的基本事实与我们有关感觉体验的根本直觉是互相抵触的：我们是通过一个狭窄的观察孔来观察这个世界的，几乎所有的视野都是无色而模糊的。我们再来看几张诡异的视觉图片，它们可以说明我们的视觉通道有多"狭窄"。图4这张诡异的图片名叫"12点错觉"。图中有12个黑点，呈3行4列

第一部分
**心理深度错觉**

分布。如果背景是一个白板,那么我们能同时清晰地看到12个点;但如果背景是一个网格,那么我们好像需要通过刻意的观察才能看到,不刻意观察的话,那些黑点就好像被灰色的对角线"吞没"了。有趣的是,我们可以看到相邻的单位(如线条、三角甚至方框)——虽然极不稳定,但注意力能持续一会儿,只要不加注意,黑点就消失了。

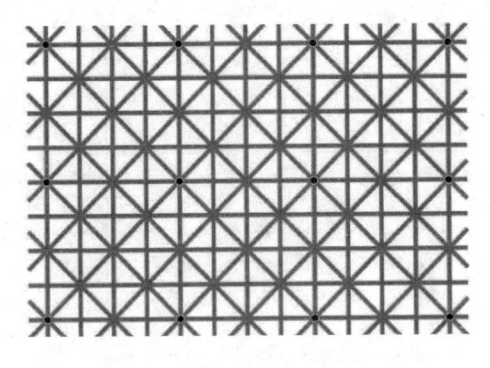

**图4 你能看到几个黑点**

当你寻找黑点时,黑点一会儿出现,一会儿消失。这种错觉被称为"尼尼欧消退效应",由法国生物学家和视觉科学家尼尼欧·雅克发现。[6]

视觉"观察孔"是有限的,它至少在某种程度上取决于你正在注视的地方。可是我们对于眼睛正在注视图像或情境的哪一部分通常只有最模糊的感觉,我们都以为自己同时"抓取"到了整个全景的所有细节。我们以为想象的"心理镜像"清晰而又完整地反映了外在世界,但这只是一种感觉。图5形象地展示了我们的眼睛运动:当你的视线扫过网格的时候,你就看到了所注视的地方的那块白点。当你把这个图片朝任意方向旋转 45 度时，你会发现白点和黑点闪烁得更加强烈了。所以，我们的视觉体验很大程度上取决于我们正在注视的地方，我们不可能把整个图像"装载"到思维里，即使这个图片非常简单且出现了好多次。

**图 5　这幅"闪烁"的图片让我们知道眼睛是如何运动的。如果把这幅图像旋转 45 度，你会发现闪烁的效果变得更加强烈**[7]

所以说，视觉世界并不像看起来那样巨细无遗和无所不包。比如当我看着眼前的电子文档时，我有一种看到了所有单词的感觉，但这只是个错觉，因为我一次只能看到大概一个词。我们可以做一个思想实验：假如页面上除了我正在注视的单词（或许还有周围若干单词的边缘），其他所有的单词都被打乱了，当我把视线转移到一个新位置时，那里的字母立刻组成了有意义的单词。

## 第一部分
## 心理深度错觉

每一处有意义的文本都是在我注视的时候临时"创造"的,而其余文本此时只是无意义的字母串。我们的猜测是:如果我一次只能看到一个单词,那么我肯定不会注意到这个打乱和重组的过程。

现在有一种叫"注视跟随"眼动追踪的技术可以验证上述猜测是否为真。让我们以一个典型实验为例,看看它是如何工作的。假设你现在正在阅读计算机屏幕上的一行文字(图6最上方),眼动追踪仪会监视你的眼睛运动,并把你的视线跳跃用圆圈标出来。计算机不会一直展示整个句子,而是只展示一个"观察孔"的文本(图中用灰色方框标识——当然你不会看到这些方框,你只能看到原来的文本),你看向哪里它就展示哪里。方框内的文本是正常的,但在方框之外,所有的字母块都被 x 块替代。

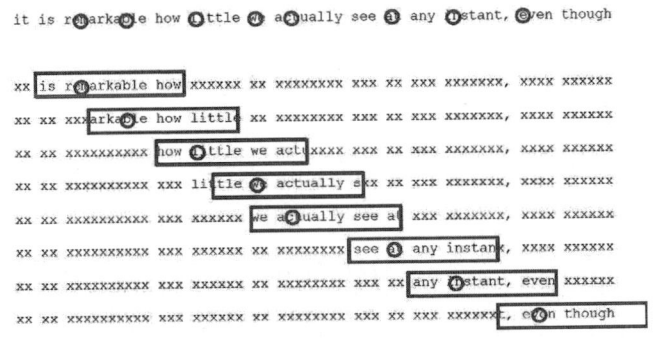

**图 6　注视跟随眼动追踪的一个图示**[8]

以上过程说明,你看到的内容是"注视跟随"的:在某个特定时刻,你看向哪里屏幕就展示哪里。所以,当你的视线沿着文本不断地跳跃时,电脑屏幕展示的内容也会相应转换(如图6所示)。"观察孔"里的文本是有意义的,它会紧跟着你的视线,但"观察孔"之外只有 x 的集合。那么阅读这样一个文本的主观体验如何呢?如果我们可以一下子"看见"(姑且这样说)整个文本,那么我们应该会注意到有很多 x 块,并为此感到困惑。但真实情况是这样吗?

其实这取决于"观察孔"的大小:如果"观察孔"过小,那么你会奇怪地看到一小段字母在 x 的包围中漂移;但是如果"观察孔"够大,那么你将感知不到任意异常,因为 x 离你的视线太远了,你根本注意不到它们。这样,就算几乎整个文本在你的眼前变来变去,你还是会若无其事地继续阅读下去。你可能会思考,处于边缘的杆状细胞不是用来探测变化的吗?难道它们不会发现异常然后拉响文本正在变化的警报吗?可能确实有这种情况,但前提是变化不是发生在你的眼睛移动时——这个时候你发现自己几乎什么都看不见了。

所以关键问题在于,我们把这个"观察孔"压缩到多小,人们才不会注意到任何异常?结果很让人吃惊,它可以被压缩到 10~15 个字符(如图 6 所示),且稍微偏向注视点右侧[9](因为大脑会稍微"提前思考",从而计划下一步的眼睛运动;而对于从右往左读的语言来说,比如希伯来文,观察孔会稍微偏向注视点的左侧[10])。

令人惊奇的地方就在于,即使你只能认出屏幕当时给定的 12~15 个字母,而且这些字母周围都是 x 字母串、拉丁文或任何实验者选定的对象,[11] 你也能正常地阅读。这些结果说明,眼睛和

# 第一部分
## 心理深度错觉

大脑在狭窄的"观察孔"之外观察到的内容极少。甚至有证据显示,[12] 我们一次只能读取一个单词。我们通过借助眼动追踪仪监视阅读发现,眼睛其实是在沿着文字不规则地"跳跃",从一个单词"跳"到另一个单词。有时候会跳过那些可以预测的单词,有时候则会跳回前面忘记了的单词。但总体来说,我们是在单词之间"跳着"阅读的,且一次只能读取一个单词。这严格限制了我们的阅读速度,说明速读是不可能实现的(其实都是略读),我们根本做不到"一目十行"。

现在你就是在通过狭窄的"观察孔"阅读着我的文字。除了你正在注视的"观察孔"内的文字,你几乎看不到其他任何文字。不仅阅读如此,识别脸部、物体、图案和整个场景都是如此。比如你身处人群之中,一次只能认出一个人。再比如面对五颜六色的风景,你只能说出你正在注视的物体的颜色或细节。

这并不是说对于没有加以注意的物体,我们采集不到它的任何信息,而是说这个信息是极其贫乏的。当我们认为自己一下子就看到了整页的文字时,我们其实一次只能看到一个词。对于这个词之外的部分,我们只是获得了"一行一行"的大致印象。同样,当我们看到凌乱的场景时,我们只是获得了"许多杂物"的大致印象——但实际上,我们一次只能识别一个物体。

以上结果有点儿出乎我们的意料,确实有许多心理学家和哲学家不愿意承认这一点,即丰富多彩的知觉体验是个错觉,我们与外在世界只有微弱的连接。比如有人反驳说,我们只是无法一下子记住多于一个单位的内容（不管是文本还是脸部），但是我们可能确实可以看见更多的内容。简单来说，内在体验世界可能真的存在，它几乎完整地复制了外在世界，但是由于这种主观内容过于丰富，而且转瞬即逝，我们根本来不及详细描述它。

这个想法听起来不错，但并不正确。因为如果是这样的话，人们在上述眼动追踪实验中"看见"的应该是许多 x 块包围着一个有意义字母的方框，而在移动眼睛时也应该能感知到这个方框在移动。但这并不是人们描述的情况：人们说看到了完全正常的句子，这些句子由有意义的单词构成。没有看到 x 块，更没有看到这些字母还在随着眼睛移动变形。这说明这个想法并不可信——注视跟随眼动追踪仪不可能骗到我们。总之，我们绝不可能看到整页文本，我们大概一次只能看到一个词，对其余部分只会有最模糊的印象。

我们之所以会有整个文本或场景整体出现的感觉，是因为我们把眼睛收集到的视觉信息碎片整合在了一起。所以，如果我们能保证眼睛和世界的接触点纹丝不动，那么丰富多彩的视觉世界立刻就会坍塌。事实上，如果我们可以做到投影到眼睛上的视觉图片是稳定的，那么我们对场景、单词、脸部和文本的知觉就会解体。那么事实是这样的吗？

由于我们的眼睛一直在运动，所以我们无法从直觉上验证这个假设。就算我们极力注视某个物体，眼睛还是会有些许颤动，根本不受意识的控制。但是，如果我们能保证图像在视网膜上纹

## 第一部分
**心理深度错觉**

丝不动,那么会发生什么呢?由于眼睛一直在运动,所以我们需要保证图像和它同步,这样落到视网膜上的图案就不动了。此时,不管这个人看向哪里,都会看到一模一样的东西。

让图像在爱动的眼睛上保持固定,这在技术上颇具挑战。幸运的是,这项技术早在20世纪50年代就由美国布朗大学的心理学家洛林·里格斯和英国雷丁大学的物理学家R.W.迪奇伯恩所领导的研究小组解决了。他们利用隐形眼镜把一个重0.25克的微型"显微投影仪"固定在了眼球上,当眼睛移动时,投影仪也会随之移动,这样图像就能保持不动了。这就是说,视网膜图像会一直被投射到中央凹里。他们借助奇妙的镜片让人们觉得图像特别遥远和渺小,但事实上投影仪与眼睛的距离还不到1英寸[①]。

那么结果会如何呢?你可能会想,应该和平时看到的东西没什么差别吧,只不过这个是静止的罢了。但实际上,图像在几秒钟之后开始消失,要么一点儿一点儿地消失,要么一下子消失。之后剩下清一色的灰色,偶尔也会变暗直至黑色。突然之间,整个图像或部分图像又出现了,开始了新一轮的解体、重组或整个消失的过程。[13]

该实验让我们对知觉乃至思维有了全新的认识。试想你的面前只有一条直线:一开始,大脑会成功地锁定并处理该直线,但是之后将尝试离开并锁定新的刺激。一般来说,转移视线之后大

---

① 1英寸≈2.54厘米。——编者注

脑都会找到新的视觉刺激，但由于图像被固定，转移视线不会产生新的视觉信息。离开了那条直线，又没有新的刺激，也就无法创造新的知觉解读，这时你会体验到一种空白。此后，大脑又回到了这个唯一"有意义"的信号，直线也就再次跳进了视野。但持续不了多久，蠢蠢欲动的想象力又开始挣扎，尝试寻找新的可供解读的材料。

如果真的是这样，那么较简单的刺激可能经常会完全消失。果然，当面前只有一条直线时，人们说在 90% 的时间里都只能看到空白。可是另一方面，如果面对的是更复杂的刺激，那么我们就可以锁定刺激的不同部分，从而产生各种不同的图案。这导致的结果是：复杂图案被看见的时间会更久，它们会一直处于解体和重组的"动态"变换中。此外，由于我们只能意识到知觉解读的输出，所以看到的图案肯定是由有意义的单位组成的，而不是由图像碎块任意拼接起来的。结果正是这样。

如图 7 所示，每一行最左侧的图片是投射到人们眼中的图像，而剩下的则是人们经历了图像分解和合成之后看到的图像。拿图 7a 所示的侧身头像来说：首先，人们看到的是头像的某个连续区域（如头的上部、下部或左侧），而不是任意碎块的集合；其次，尤其注意那个侧面头像，它和脸部的其余部分是隔开的——这里的关键在于，人们"锁定"的是一个连续单位，而不是任意的轮廓（如头发的那部分）。

第一部分
**心理深度错觉**

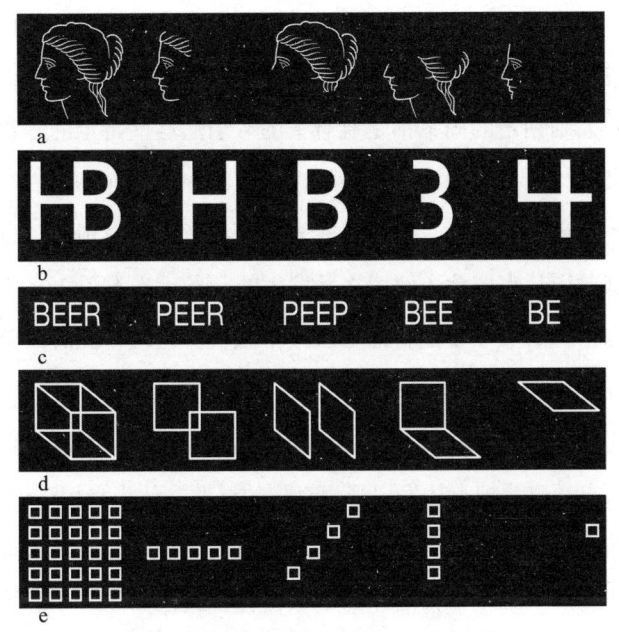

**图7　图片被固定后都经历了解体**[14]

我们只能注意到相邻的、有意义的单位，这在图 7b 中更加明显。这时的基本刺激是两个字母 H 和 B，但被合在了一起。你可能已经猜到：我们有时会看到单独的 H 或 B，有时只会看到一个 3，H 则完全消失不见。最有趣的是，我们甚至能看到 4，而其余部分都被我们忽略掉了。知觉系统的想象力太出人意料了，因为我们几乎不知道里面还有一个 4，而知觉系统很轻松地就发现了。

图 7c 也一样，单词 BEER（啤酒）被分解成了有意义的单词，而不是像 EE、EER 或 ER 这样无意义的字母串。在图 7d 中，我们发现立方体框不是按线条分解的，而是按组块分解的，所以最后

我们看到的是面的组合。其中有两幅图片是由相对的两个面构成的，说明保存图片离散区域的倾向并不是绝对的。不过我们的要点是，大脑锁定的图案都是有意义的。当然这些特定的碎块也是有意义的，但只有把这些线条解读为三维立方体而不是二维平面图，才是最有意义的。这些观察表明，注意力的"锁定"过程是在大脑对图片完成深入解读之后发生的。最后来看图 7e：方块组成的网格分解成了不同行的方块或单独一个方块，此时大脑仍然偏爱有意义的图案，而不是方块的随机组合。

这种固定图像的奇怪方法已有半个多世纪的历史了，[15] 但人们一直以来都只是把上述发现视为有趣的谜题，认为它相对于知觉、思维和意识这类重大问题显得不怎么重要。但在我看来，正是这些发现揭露了思维如何运作的本质，告诉我们知觉乃至思维的根本运作原则：

（1）我们只能"看见"有意义的组织（或在大脑看来最有意义的组织），如视觉组块、图案、整个字母、数字以及单词，对于碎片的随机分布我们会视而不见。

（2）我们一次只能看见一个有意义的组织［比如，我们只能看见 BEER 或 PEER（同辈），但无法同时看见它们］。

（3）不属于有意义组织的感觉信息会被大部分或完全忽略掉（虽然也一直被清晰地投射到了视网膜上），我们甚至完全看不见它们。

# 第一部分
## 心理深度错觉

（4）大脑一直在不断地做出解读：就算偶尔出现了缺乏新输入的情况，它也在迫不及待地摆脱当前组织，寻找新的组织。当它无法做到时，整个图像就消失了。

我们在观看固定图像时观察到的现象，使我们最大限度地见识到了人类的"观察孔"，也由此一窥大脑魔幻表演的幕后。我们马上将会看到，知觉只是思维的一种，但可能是最重要的一种，其他思维类型不过是知觉的扩展（当然是一种有力的扩展）。沿着这个思路，我们将会发现上述证据其实预示了某种思维理论。

上述观察结果表明，我们关于见到的事物（不管是文本、物体、脸部还是颜色）的认识全都是谬误：我们所能看见的远少于我们以为能看见的。我们是一点儿一点儿地观察这个世界的，但是我们可以把看到的碎片整合起来，就好比阅读时可以把句子整合起来一样。这说明当前感觉体验的"内在世界"也不过是个假象。我们一次只能注意到不多于一个单词、一个物体或一种颜色。"感觉内在世界"只是感觉起来很真实，其实和歌门鬼城给人的感觉没什么两样：它们都是大脑把流动的信息碎片整合在一起形成的，而不是囫囵吞枣式地一下子获得的。总之，反映外部世界丰富和复杂的"内心世界"根本不存在。如果存在，我们就不会通过眼动追踪仪体验上述过程。

上一章我们介绍了解释深度错觉：关于知识、动机、欲望和梦境的口头描述都是不可靠的即兴发挥，是事后编造的。这一章，我们发现自己深陷感觉体验包罗万象、前后连贯的泥潭之中。我们以为自己看见了一个丰富多彩的世界，其实我们并没有。这个骗局如此让人诧异，以至被哲学界和心理学界称为"全局错觉"。[16]

这个错觉启示我们，感觉世界不会比虚构的故事和对常识的解释更为牢靠。你可能会说，我"明明感知"到了不可能物体的三维特征，怎么可能是假的呢？其实这就好比歌门鬼城和周围世界给我们的生动感觉一样，都不过是一种感觉，而这种感觉细究起来都是矛盾的。感觉世界体验充满了漏洞，其数量甚至可以说是触目惊心的，但它就是把我们骗到了。

看了这么多发现，得出以下结论也就水到渠成了——思维本身是个不可能物体，它只是表面看起来牢不可破。不管是皮克对歌门鬼城的文学描述，还是我们对物理现象的日常解释，都看似稳固而连贯，其实充满了矛盾和混乱。意识流不过是内在心理世界的"投影"，正如鲁特福德的奇怪图形是另类几何现实的投影一样。思维里只有流动的意识，除此之外就再没有其他东西了。除此之外，和我们的直觉相反，意识还是极度贫乏的。因为所有的感觉、信念和欲望，以及断言、行为和选择，都是我们临时一个个创造出来的。

# 3
# 大脑的骗术

我们都上当了。口头解释（第1章的解释深度错觉）和感觉体验（第2章的全局错觉）看似"固若金汤"，实则"弱不禁风"。不存在自然之镜，不存在外在现实的内在复制，不存在暗潮涌动的无意识，也不存在思维从中挣扎而出的无底深渊——除了零碎而简略的瞬间体验和来自记忆的模糊印象，别无其他！当然，大脑的活动的确很活跃，但是并不存在什么思维。唯一的思维、情感和感受，是那些流经意识的东西。

那我们怎么会上当呢？这一章我们来关注"感觉"——当然，接下来要讲的东西也适用于涉及信念、欲望、希望和恐惧的解释。先来看视觉。全局错觉就像戏法一样，是靠障眼法取胜的：我们指挥自己的中央凹，把注意力集中于视觉世界的某个部分，对其余部分则不闻不问。如果怀疑知觉表征在视野边缘的模糊性和单调性，我们立刻转动眼睛去检查，就会发现那里也是丰富多彩的。

魔术师深谙此道已有几个世纪。他们把我们的视线和注意力引向图片的某个部分，然后在我们的视野边缘某处变出了一个硬币、皮球甚至兔子，正好逃过了我们的视觉系统。但是如果观众当中正好有个天真的孩子，障眼法可能就会失败，因为孩子有时无法领会魔术师的指令——如果当时正好看到"魔法"发生的地方，那就尴尬了。但是全局错觉就不存在这个问题。当我们检查视野边缘的模糊区域时，我们不可能发现原来我们对这里的内容（如包含哪些单词、脸部或物体）一无所知，因为检查行为本身会召唤出相关的内容。也就是说，把注意力转向某一部分视觉图像（如人的脸部、文本中的单词）的过程也是色彩和细节还原的过程。所以说，我们与世界的视觉联系不是囫囵吞枣式的，而是细嚼慢咽式的。

此时，大脑的骗术也就清楚了：周围世界之所以看似绚丽多姿、包罗万象，其实是因为只要我们一产生怀疑，眼睛就会立刻扫视相关区域，并以迅雷不及掩耳之势提供答案。这个一问一答的速度太快了，以至于我们以为答案是现成的，可以随时取用；或者说，我们以为体内有一个关于周围世界的心理表征，我们可以随时向这本百科全书咨询。但是这和实验得出的结果并不一致。前述实验告诉我们，有关视野边缘区域的答案并不是现成的，而是我们的眼睛临时迅速捕捉到的。

暂时先看一下触觉。试着闭上眼睛"感觉"一下网球拍：左右挥舞感受其重量和手感；抚弄拉线感觉其弹性和间隔；摸摸边缘获知其形状。有关球拍触感的主观体验，我们是一个一个获得

## 第一部分
**心理深度错觉**

的。也就是说,我们在挥舞球拍时不会意识到拉线,抚弄拉线时不会感觉到重量。对于球拍边框的出现和消失,或者拉线的形成和消失,我们也是感觉不到的。总之,虽然我们一次只能体验到一个属性,但确实能感觉到整个球拍的存在。

当我们睁开眼睛观察球拍时,又会发生什么呢?事实上大同小异:我们的眼睛会随着自己的兴趣(如拍框、拉线、大小或重量)注视球拍图像的不同部分。由于眼睛转动起来特别快,并且轻易地得到了答案,以至于我们以为有关球拍的知识预先就在脑子里装好了。

我们的眼睛一次只能看到一个点,但是可以极其迅速地扫过视觉区域,进而选定任何我们想要的信息。还有一个要点在于:我们在摸球拍时可以意识到手的运动,但是对于眼睛看向哪里却只有模糊的意识。正是因为这一点,当我们知道我们在观察脸部时视线会在对方的眼睛和嘴巴间跳来跳去,或者阅读文本时视线会在一两个单词间跳来跳去而不是平滑地扫视时(见图8),我们会觉得特别吃惊。可以说,我们把这一点完全忽视了。

知觉(不管是触觉还是视觉)的步步为营远非眼睛跳来跳去这么简单。我们在第2章有关固定图像的讨论中提到,我们可以对来自同一个点的信息做出各种解读,比如可以将同一张视网膜图像解读为"BEER"、"BEE"、"PEEP"或"PEER"。大脑可以锁定感觉信息的不同方面,但一次只能锁定一种解读。使用未被固定的正常图像——比如当我们看到单词"BEER"时,我们以为自己同时看到了其中包含的单词，它们是同时被装进大脑里的，因为只要我们问自己是否可以看到"BEE"、"PEEP"或"PEER"，我们立刻就能提供答案。但是这也是个错觉，使用了同样的骗术：和眼睛在各个视觉位置闪来闪去不同，我们的大脑锁定了同一位置的视觉输入的不同子集。这种锁定如此迅速和轻易，以至于我们误认为自己不是在图像的多种解读之间转换，而是在大脑里同时装下了所有的解读。

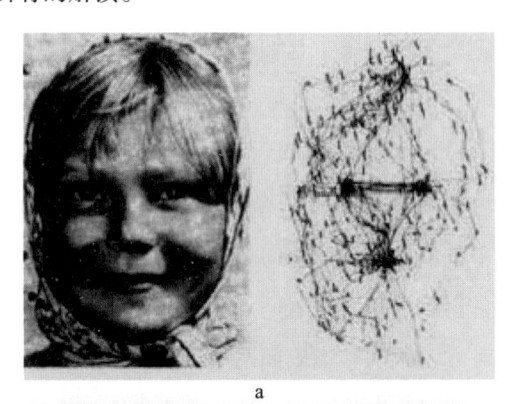

a

When a person is reading a sentence silently, the eye movements show that not every word is fixated. Every once in a while a regression (an eye movement that goes back in the text) is made to re-examine a word that may have not been fully understood the first time. This only happens with about 10% of the fixations, depending on how difficult the text is. The more difficult the higher the likelihood that regressions are made.

b

图 8　视觉接触

## 第一部分
**心理深度错觉**

我们观看图片或阅读文本的方式不是囫囵吞枣,而是多次的"细嚼慢咽"。图 8a:20 世纪五六十年代,苏联心理学家阿尔弗雷德·亚尔布斯在莫斯科率先使用眼动追踪技术,发现我们的眼睛在很大程度上只集中于图像的很小的局部。图 8b:阅读一段文本时的眼动规律。[1]

我们是通过一个狭窄而明亮的"观察孔"接触这个世界的,它就像黑暗中的一扇天窗,向我们展示了丰富多彩的细节,但是我们不大会注意到"窗框",甚至完全忽略了它的存在。现在设想有这么一副眼镜,它的边缘是模糊而无色的,只有中间有一个小孔。当你戴着它直视前方时,你看到了一个丰富多彩的世界,和平时所见没有任何差别(因为你的视网膜和大脑根本没有"错过"被眼镜抹掉的细节,这是因为就算它们在那里你也无法探测到)。但是只要你稍微移动一下眼睛,中间那个"明亮的观察孔"立刻就凸显出来了。

现在设想一下这种可能性:在充满科幻色彩的未来,每副眼镜上都装有一个微型眼动追踪仪,可以把眼睛注视的地方以外的所有颜色和细节都过滤掉。在旁人看来这个装置奇怪无比,因为旁人只能看到一个半透明眼镜,眼镜上有一个透着光的小孔,随着人的视线跳来跳去。如果你是观众,你会奇怪这些人怎么可以戴着这种眼镜打网球;如果你是行人,你会担心他们眼镜周围的那一圈雾气——可是这些人却若无其事地在拥挤的人群中穿梭。

可是当我们亲自戴上这副眼镜时,我们看到了一个完全正常的世界。不管我们看向世界的哪个部分,眼镜都会呈现相应部分的图像,颜色饱满且细节完整。当视线跳到一个新的位置时,眼镜上相应部分的迷雾就会散去。由于这种散去是逐渐发生的,所以我们不会注意到它的存在。由此我们可以阅读文本,可以看到杯子是蓝色的(还能看到上面手绘花朵的细节)。如果你对哪个部分有疑问,眼睛立刻就会为你找到答案。我们永远不会知道眼镜上曾经出现过无色无形的图像,因为不管我们看向哪里,都会看到颜色饱满且细节完整的图像。

其实这并不是科幻故事,我们自己正戴着这样一副眼镜。试想,假如我们准备制造一副隐形眼镜,且和上述眼镜有一样的特点,结果会如何?之所以选择隐形眼镜,是因为它可以随着眼睛的移动而移动,这样就不需要眼动追踪技术,也不需要调节镜片了。我们现在只需要一个过滤器,把镜片边缘的颜色过滤掉,留下中央凹正对着的颜色和细节。这种眼镜制造起来很容易,但没什么意义,因为它只是把我们没有探测的信息屏蔽了。其实正常的眼镜就能做到这一点,甚至不戴眼镜也能做到这一点,因为我们的眼睛和大脑已经完成了这份工作。给眼镜添加一个明亮的观察孔,这完全是画蛇添足。

由此可见,我们之所以感觉活在一个丰富多彩的世界里,是因为我们可以随时触及周围世界的颜色和细节。换句话说,我们只需要一瞥就能"染指"任何想要的信息。比如,当我在自己的书房里创作时,我可以知道书架上书的颜色(确切地说是书脊的

## 第一部分
**心理深度错觉**

颜色），但是无法知道大英图书馆的相关信息，因为我只要一瞥（或者转一下头）就能知道某本书是什么颜色的，但再怎么挤眉弄眼也无法看到大英图书馆里的情况。

再回到科幻眼镜。那些戴眼镜的人是否也会上当，认为自己可以看见一个丰富多彩的世界？从某种意义上来说"会"，从另一种意义上来说又"不会"。"会"是因为，他们不知道眼镜上有一个明亮的小孔，还以为这是一幅完全透明的眼镜。"不会"是因为他们有一种不容否认、真真切切的感觉，即如果对周围的细节或颜色产生疑问，眼睛立刻可以找到答案。这恰好告诉我们认为自己活在一个丰富多彩的世界里究竟是怎么回事，即不是大脑里装满了有关周围世界颜色和细节的所有答案，而是我们可以在产生疑问时立刻找到它们的答案（通过对视觉区域相关部分的快速一瞥）。

尽管这是个骗局，但如果没有它，我们的主观体验就会很怪，因为我们在扫视周围时将感到剧烈的晃动。比如物体在被我们注视时会突然变成有色的，而其他事物则会突然丧失色彩和细节，我们会为此感到莫名其妙。事实上，即使我们看到的是一个完全静止的文本、绘画或场景，我们也能体验到一种充满活力的连续流动。

但是全局错觉合情又合理，且是不可避免的，因为知觉的任务是告知我们周围世界的知识（比如有关单词、脸部、物体和图案的情况）以及如何用这些知识来指导行动。外在世界无疑是丰富多彩的，和我们注视哪里、眼睛是否睁开以及我们存在与否完全无关。我们的知觉体验就像一个幕后解说员，因为我们想了解的是故事，而非讲述者的看法。

眼睛和大脑给我们造成一种世界丰富多彩的印象，因为世界本身确实是丰富多彩的，但是它们无法同时把所有具体的颜色和细节传递给我们。大脑只是"告诉我们"这些颜色和细节在哪里，然后需要我们通过快速一瞥迅速锁定这些颜色和细节。可以说，世界丰富多彩的感觉更像是一种潜能，即我们感觉自己可以随心所欲地探索感觉世界，以及发掘我们想要的细节。[2]

稳定的外在世界可以产生任何我们想要的颜色和细节，这只是一种潜能，但是这种体验很容易被误解为：我们的感觉器官只需要一次快照就能获取所有的颜色和细节。我们产生世界丰富多彩的感觉只是因为我们可以随时轻松地获知有关世界的情况，比如当我们想知道朋友的帽子是什么颜色、句中的下一个单词是什么，或者书桌上摆的是哪本书时，我们的眼睛立刻就能自然地跳到相应位置，同时把中央凹锁定到感兴趣的事物上，之后经过快速的视觉处理，我们就得到了答案。这导致我们很容易陷入答案一直在手的陷阱，甚至还以为，我们已经把各式各样的问题的答案都预装在大脑里了。

总之，大脑出于善意把我们欺骗了。世界是稳定的，而知觉的任务是告诉我们有关世界的信息，为此营造了一种整个视觉图像的颜色和细节都很稳定的感觉。但事实上，狭小明亮的观察孔之外的信息并没有被眼睛或大脑捕捉到，它们只是处于一种"随叫随到"的状态。

第一部分
心理深度错觉

## 把碎片拼凑起来

我们很容易把注意焦点想象成聚光灯,我们的视线集中在亮斑上,而周围则是快速加深的黑暗。但正如第 2 章所述,视网膜固定的实验得出了不同的结论。大脑注意到的都是有意义的视觉图像组块,如单词、字母、物体及其组成部分。这些单位在空间中不一定是连续的:如果零散分布的单位能组成一个"物体",那么注意焦点就会将它们统一理解。正因如此,我们才会看到密林中移动的动物,认出密集铁丝栅栏后的某个人,以及看清远处许多交叉灯柱后的广告牌(图 9 向我们展示了人类可以把"不连续"元素组合起来的能力)。

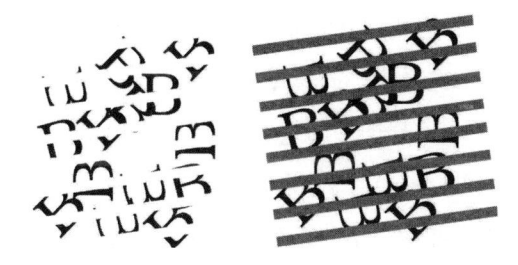

**图 9　上述字母都是破碎的,但我们仍能把它们整合到一起形成字母 B**

如右图所示,当有"护栏"阻挡视线时,我们更容易看到字母 B;而看过右侧的图片之后,从左侧图片中看到 B 也就变得更容易了。[3]

我们还可以把无法构成连续客体的离散单位整合在一起。黄力强(现任职于香港中文大学)和世界一流认知心理学家哈尔·帕什勒(现任职于加利福尼亚大学)曾从理论和实验上探讨过该话题,并得出了许多颇具启发性的结论。试看图 10 中色彩(这里

- 047 -

用灰色阴影代替）随机分布的 16 宫格图。花上几分钟检查一下横排的两个宫格图之间是否是匹配、对称或心理旋转（在想象中旋转图片后看看是否匹配）的关系。这个任务并不简单，因为我们需要一一核对其中的小方块。但是有一个捷径：如果我们只注意一种颜色，那么很快就能凸显出那种颜色构成的图案（见图 10 右侧），并迅速确定两个宫格图之间的关系。

为了做到这一点，我们需要挑选一种颜色的方块（如红色方块，在图 10 中以浅灰色表示），把它们组合起来，并把它与其余部分区别开来。在这个过程中，红色方块会突然形成一个具有清晰结构的可辨图案（如图 10 右上角所示，红色方块大致形成一条对角线），这样我们就可以很快地通过比较两个宫格图之间的图案确定它们之间的关系了。需要注意的是，一旦我们看到红色方块构成的"图形"，宫格图中的其他颜色就沦为杂乱的"背景"了。这就好像我们可以一下子"抓取"同一种颜色，并把它们从其余颜色中凸显出来并加以单独检查。由此可见，要确定两个宫格图之间的关系，不需要一个一个地检查小方块，只需要对某种颜色构成的图案进行比较即可。

黄力强和帕什勒由此提出三条假说。第一条我们已经在第 2 章讨论过了，说的是我们一次只能"抓取"或注意到一个物体或图案。比方说，在上述宫格图中，我们一次只能看到由一种颜色（如红色、绿色、黄色或蓝色）构成的图案。大脑不可能一次"抓取"两种图案，正如一次只能读到一个词或看到一张脸一样。只有当我

# 第一部分
## 心理深度错觉

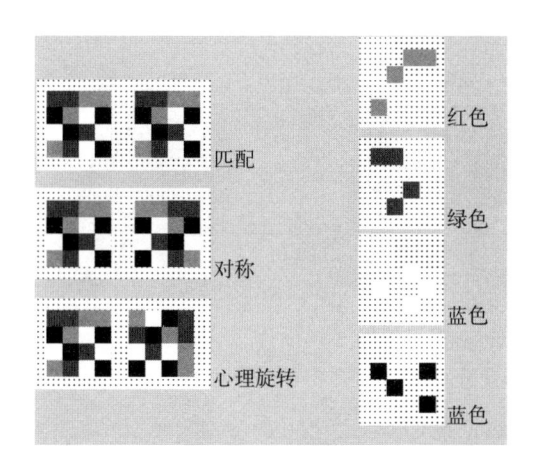

**图 10　图案的变换**[4]

们抓取到这个图形之后，我们才能对它进行操作或变换，比如为它寻找一份复制品或镜像，在想象中把它旋转 90 度等。这就好像，视觉系统只有一只"手"，任何时候都只能抓取一种图案。如果确实是这样的话，那么我们相信任何物体或图案都是这样的，即我们一次只能看到一个物体或图案。

这能够简洁地解释为什么我们觉得图 11 中的关系识别起来特别容易——这些著名的动物图片由伟大的德国艺术家阿尔布雷希特·丢勒绘制。这些图案要比黄力强和帕什勒的彩色宫格图复杂得多，但我们却可以轻松地确定它们之间的关系。从"一次识别一物"的视角来看，这是因为每个图形都是浑然一体的，可以被整体摄取、分析和操纵。

思维是平的

匹配

对称

心理旋转

**图 11 复杂物体的简单变换**

我们很容易确定每一对图片之间的关系——这与图 10 形成了鲜明对比。

## 第一部分
## 心理深度错觉

但是如果我们一次只能"抓取"一个物体或图案，那么当我们把视线和（或）注意力放在视觉输入信息的不同方面时，我们的大脑其实是在一个一个地创造和消除这类物体或图案。而且只要我们集中注意力，物体或图案就会被适时地创造出来。正因如此，我们才落入了全局错觉之中。

如果确实是这样，那么我们可以预测：如果我们在成功锁定刺激之后，消除图案和寻找新图案的能力失灵或受损了，那么背景应该会完全消失。这正是第2章视网膜固定实验中出现的现象。转移视线可以改变大脑的输入信息，从而让我们从当前图案中摆脱出来，可是一旦在转移视线的过程中发现不了新信息，我们就无法消除图案并重建新图案了，这样，视觉输入的组块就消失了。[5]

如果大脑发现很难自发地消除当前的关注对象，那么会怎么样呢？是否会出现紊乱，即人们一次只能感知一个物体或图案，却无法感知周围物体的存在？稍后我们会看到，可能确实存在这种神经状态。

黄力强和帕什勒的第二条假说是：视觉抓取一个图案或物体类似于把主体创造的空间图案"突显"出来（他们的表述十分精彩，叫"压缩并用塑料包装起来"），这样就只有那个图案或物体会被"看见"。这个假说充实和细化了我们如何看见某种图案的观点。因此，当我们"看见"图10宫格图中的某种颜色时（比如十字形的黄色），我们就完全"看不见"其他颜色了。我们当然会对其余部分的范围和复杂性有一个一般印象，但这只是因为我们可以随时把注意力转移到它们身上。[6]

黄力强和帕什勒的第三条假说是：从视觉上我们可以捕捉不同地点的事物，但从心理上我们只能为捕捉到的事物赋予标签（例如，当我们把"图形"标注为黄色时，我们不可能同时感觉到"背景"有某种或某几种颜色）。不只如此，被捕捉到的事物必须接受某个特定维度的同一个"标签"（如"颜色"）。这意味着，就算是一幅五颜六色的图片，我们也只能一次感知到一种颜色——这听起来有点儿让人难以置信。我们只能"看见"宫格图中的一种颜色（如红色、黄色、绿色或蓝色），而且当我们专注于它时，其他颜色就消失了。这与第2章图像解体的原则一致，即那些未被注意的视觉信息会被大部分或全部忽略掉——真的是这样吗？面对五颜六色的图像，我们真的只能一次看见一种颜色吗？

我们已经知道，整个视野五彩缤纷（而且细节完整）的主观体验是个错觉，但是如果能把所有颜色都置于视野中心，那么我们能否同时看到多种颜色呢？试着注视图12转轮的中心，你感觉自己可以同时看到蓝色（深灰色）和绿色（浅灰色）。但是黄力强和帕什勒断言我们根本做不到这一点，因为当我们看见绿色时，就不得不放下蓝色。他们认为，我们无法"看见"我们没去看的颜色。如果真的是这样，那么我们的注意系统一定是在绿色知觉和蓝色知觉之间跳来跳去的，但是无论如何都不可能同时看见两种颜色。

第一部分
心理深度错觉

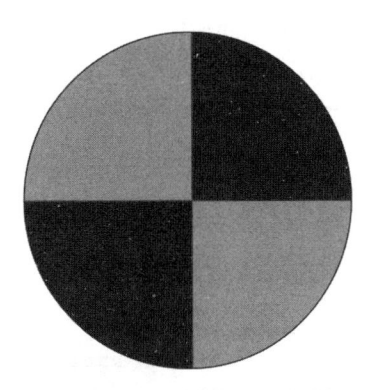

**图 12　一个蓝绿相间的转轮**

我们可以同时看见两种颜色好像是不言而喻的，但是我们对图 10 宫格图的体验暗示了相反的结论。

为了验证这个违反直觉的猜测，黄力强和帕什勒采用了由心理学家、认知神经科学家约翰·邓肯[7]发明的实验方法，但稍稍做了调整。如图 13a 所示，他们研究了人们是如何感知在瞬间闪现之后被其他视觉图案（一张"面具"）迅速"覆盖"的图像的。他们调整着刺激呈现的时长（即图像在被覆盖之前的闪现时长），测定人们判断自己是否看见了某种颜色的准确率。实验的关键是对以下两种情况做出比较：一个是整个转轮瞬间闪现，一个是"对角"颜色依次呈现。如果我们可以同时"看见"两种颜色，那么不管是在 100 毫秒里同时看见绿色和蓝色，还是各花 100 毫秒依次看见绿色和蓝色，人们检测到某种颜色（如绿色）的表现都应该同样好。但是如果我们一次只能抓取一种颜色，那么整个转轮瞬间闪现时人们看见某种颜色的表现应该会很差，因为大脑没有足够的时间在两种颜色间切换（如果大脑在一开始恰好抓取了蓝色，那么就没有时间抓取绿色了，这样绿色就不会被看见）。让人吃惊的是，后者正是实验中发生的情况。事实上，人们在两个任务中的表现都符合猜测，即人们会在颜色之间不停地进行切换。

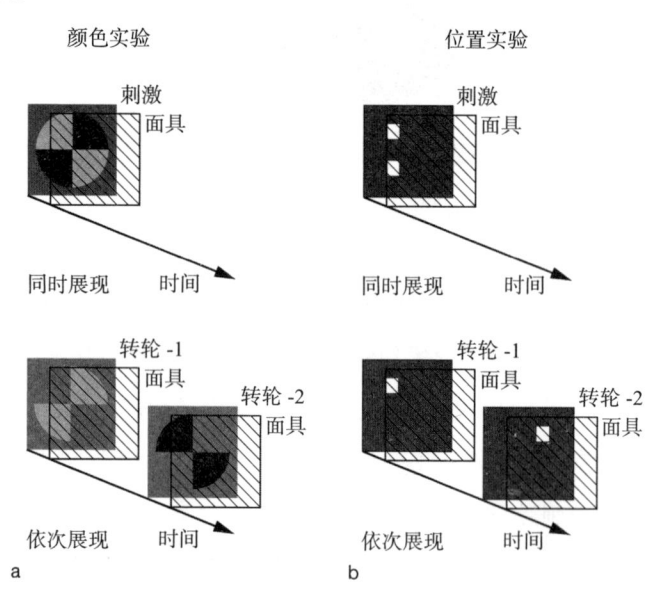

**图13 我们可以一次看见两种颜色（a）和两个位置（b）吗？**[8]

我们可以与另一个实验做一下对比。在这个实验中，人们注意的对象由颜色换成了空间位置（图13b），但是结果发现：人们可以同时抓取两个位置，并且像抓取一个位置一样轻松。原因在于，大脑需要把多个位置整合到一起，即使感知对象是单一图案

# 第一部分
## 心理深度错觉

或物体。所以说,我们可以一次感知多个位置,但是不太可能一次看见两种颜色。我们必须在看见多种颜色之间来回切换,由于这种切换快如闪电且毫不吃力,因此我们产生了可以同时抓取两种或多种颜色的错觉。[9]

我们可以进一步猜测:在清点分散单位(如斑点)的数目时,由于它们是被同时看见的,我们可以快速地给出答案。在数目为4及4以下时,我们几乎可以数得一样快。但是当数目超过4时,数起来就变得很吃力了。之所以如此,是因为我们可以从中识别出熟悉的图案,如三角形或正方形。但是如果这些斑点是五颜六色的,那么我们就无法同时抓取这些颜色了。颜色的种类越多,我们回答得越慢,好像我们被颜色拖延了。[10]

由此可见,即使是我们正在直视的东西,其呈现出来的五颜六色也不过是个错觉,大脑一次只能编码不超过一种颜色(或形状、方向)——这简直是对常识的公然侮辱!

视觉意识具有顺序性和破碎性,这好像意味着:如果视觉系统受到损坏,就会带来一些令人不安的后果。比如,我们不再对这个世界好奇,无法指挥眼睛看向视野的某一部分,这将导致我们对那一部分知之甚少,或者说,它将一直待在视野的边缘,保持模糊和无色的状态。但是,这一部分会被骗局掩盖,因为如前所述,大脑的任务是告诉我们世界的信息,而不是视角的信息。这带来的可能是:尽管视野中大部分都未被中央凹探索过,一直待在阴影里,但我们还是会以为世界是丰富多彩的。那些在医学上表现为视觉忽略症的患者恰恰证明了这一点。视觉空间中的一大片区域都被他们忽略了（常常是视野的整个左侧），但这丝毫不妨碍他们认为视觉世界是丰富完整的。

如图 14 所示，眼动追踪仪记录了一个视觉左侧忽略症患者在 L 背景中寻找 T 的过程。他不懈地在右侧寻找，很少指挥中央凹向左侧扫视，这导致眼动路线全部集中在右侧。这也会大大影响他的复制行为（图 15）。他没有注意到，自己在视野受影响的一侧只有相对正常的视觉处理能力。他们说自己的主观体验没有任何异常，完全没有注意到视野中有一半空白。事实上，视觉忽略症患者有时会怀疑自己是否真的有视觉缺陷！

当大脑无法兼顾一大片视野时，视觉忽略症就出现了。按照我们的直觉，大脑里"装载"着一份完整视觉世界的复制品，不但细节丰富，而且五颜六色。如果真的是这样，那么视觉忽略症患者在意识到内在主观世界缺了一半时，应该会感到特别震惊！但是实验结果并非如此。如果考虑知觉的顺序性和破碎性，就很容易理解了：我们只能感知我们正在处理的图像局部，无法感知没有处理的局部。既然都没有感知到，也就谈不上"错过"，就像在阅读小说时，如果还没有阅读下文，也就谈不上"错过"了它们。

我之前提到，当大脑无法"质疑"或"探索"视野中的任意位置时，视觉忽略症就出现了。但是，如果我们无法自由地摆脱某物和锁定他物，又会发生什么呢？答案是：全局错觉会被戳穿，

第一部分
心理深度错觉

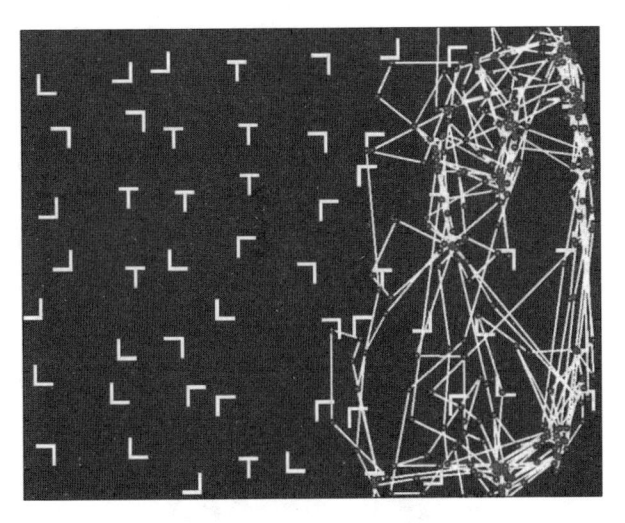

图14 左侧视觉忽略症患者在 L 中寻找 T 的眼动路线，其中左侧被完全忽略了[11]

我们只能意识到我们赋予意义的那个物体或图案，除此以外就什么也看不见了。

同时性失认症患者的神经症状正印证了这一点。当在患者面前举起一把梳子时，他说可以看见一把梳子；再在梳子前举起一个汤匙（两者形成一个十字架），他说只看见了梳子，汤匙尽管与梳子有所重叠，但他却完全看不见。当把汤匙和梳子竖着左右并排摆放时，患者肯定自己看见了汤匙，却否认看见了梳子；再把汤匙和梳子横着上下并排直接置于其眼前，他说看见了一个上面写有字的类似于黑板的东西；这时，汤匙和梳子（我们假定包括实验人员）都消失了，患者只看见了墙上的黑板。[12] 所以说，同时性失认

**图 15　左侧视觉忽略症患者的复制行为**

他们对视野消失了一半毫无察觉，不过其基本的视觉处理能力还是完好的。[13] 症患者可以看见不同距离和大小的物体，但对这些物体周围一直存在的东西没有感觉。

直觉告诉我们，同时性失认症患者一次只能感知一个物体或图案，而视觉能力正常的人可以同时感知任何数目的物体。比如当我们扫视自己的房间时，我们好像可以同时"摄取"几十个乃至上百个不同的物体，正如我们在阅读时感觉自己可以一目十行

## 第一部分
## 心理深度错觉

一样。你如果这样想，就被全局错觉骗到了。事实上，我们都是通过一个极其狭窄的通道来感知世界的，一次大概只能感知到一个单词、物体、图案或属性。

同时性失认症的症状很复杂，也很多样，但我认为，当周围世界不再"随叫随到"时，我们也应该会表现出类似症状。同时性失认症患者是通过狭窄的观察孔来观察世界的，但他却失去了质疑周围世界进而转动眼睛去寻找答案的能力。这正揭示了我们每时每刻都能看见物体的"真相"，或者说，同时性失认症让全局错觉露出了狐狸尾巴。

我一直在思考下面的问题，甚至会陷入沮丧：在过去大约150年里，心理学和神经科学对人类本质的秘密掌握了多少？除了哲学思辨、文学想象和苍白的常识，我们还取得了哪些进步？有关思维和大脑的科学研究可以在多大程度上挑战有关我们自身的直觉认识？

由严谨的实验揭示的全局错觉告诉我们，有关人类自身的直觉认识相当不可靠。一旦理解了这一点，就会发现口头解释同样不可信。正如眼睛可以回答有关视觉世界的疑问，嘴巴也可以回答有关行为、信念和动机的疑问，它可以创造性地编造很多理由。比如当我们想知道水坑是怎么形成的，或者电流在房子里是如何传导的，各种解释就会立刻出现在意识里。如果我们不太满意现有的解释，更多的解释就会随之出现，源源不断。正因为编造起来如此顺畅，我们才以为这些头头是道的解释早就在脑子里形成了。但事实上，每个答案都是在当下创造的。

　　所以，不管是感觉体验还是口头解释，道理都是一样的。对于思维里边的内容，我们以为自己是最终的主宰，其实我们不过是各种错觉的奴隶。那么想象也是这样的吗？我们是否也上当了，甚至有过之而无不及？

# 4
# 赫伯特·格拉夫警示录

试着想象一只老虎，越清晰越具体越好，最好能形成一张照片或三维全息图。假如能让它动起来，或者咆哮几声，当然更好。在想象力上，人与人截然不同，有的人能想象出一个热闹的动物园，有的人哪怕想象一只动物也很困难——我就属于后者。但即便如此，当我闭上眼睛之后，脑海中也出现了一只形象的老虎，一会儿在跳跃，一会儿在丛林里潜行。

如此栩栩如生的视觉图像很容易让人误以为我们在一瞬间创造了一只"心理老虎"，不管是在外形上、细节上，还是颜色上，都可以媲美真实的老虎。我们"观赏"着这件艺术品，就好像它被投射在了心里的电视屏幕上，[1] 或者从心里的剧院里走出来一样（假如你可以创造出三维的心理图像）。[2] 这只"心理老虎"当然不如真实的老虎那样生动，但仍然让你感觉到它充满了逼真的细节。

这类图像类似于心理图片，或世界的三维复制品——不仅常人这么认为，那些研究人类"心理成像"能力的心理学家和哲学家也是这么认为的。在他们看来,想象一只"心理老虎"和查看老虎的照片甚至看看真实的老虎没什么两样。心理照片是思维在感知中创造出来的,只不过在想象时不存在外在客体罢了。

我们已经看到,不存在对应外在世界的内在复制品,这种丰富多彩的直觉不过是个错觉。如果近在眼前的老虎都不存在什么心理图片的话,就更别提脆弱且模糊的心理图像了。极有可能,心理成像也是虚构出来的。

不信你可以想象一下这只"心理老虎"的条纹——这个热身练习的目标是数清老虎尾巴和身上的条纹数目,它在对成像感兴趣的心理学家和哲学家中特别流行。说起来容易做起来难,你可能已经意识到了,你的心理图像根本没有足够的信息。那么是否可以"拉近"来看呢?但是这样做很难保证与先前得到的数目一致。所以说,我们很难数清老虎的条纹,即使"拉近"也无济于事,因为这个心理图像非常不稳定。心理图像看起来栩栩如生,但其实很难与真实的图像(如老虎的照片)相媲美。

我们再来看一些更基本的信息,比方说,老虎身上的条纹是如何"流动"的:它们是水平流动的,还是纵向流动的(就像套着呼啦圈一样)?那么腿上的条纹呢?再比如,腿上的条纹和身体的条纹是如何汇合的?为了回答这些问题,你可能有一种拿起画笔的冲动了——不管三七二十一,先画一个老虎的轮廓,再把条纹图案勾勒出来。你可以试一下,然后再对照图16,看看在这四幅图片中,哪一幅和你画的一样。我们稍后会展示一只真实的老

# 第一部分
## 心理深度错觉

虎,不过先不要急着看,到时答案自然会揭晓。

**图 16　老虎的条纹是这样的吗?**

　　一定要时刻铭记全局错觉:就算老虎突然出现在你的面前(是不是有点儿吓人?),你也只能一点儿一点儿地看见它,比如先看到橙黄色的皮毛,再看到它打呵欠时的血盆大口,最后是锋利的爪子。我们之所以感觉老虎特别形象,是因为我们只要对其外貌有所疑问,就立刻会转动眼睛去找出答案。这些信息都是临时拼凑的,不是被一下子装进大脑的。事实上,我们连像蓝绿相间的转轮(图 12)这样简单的图像都装不进大脑,又怎能把像老虎这样复杂的物体装进去呢?

　　想象出的老虎和真实的老虎一样,其视觉信息也是随叫随到的,只要你对特定的问题感兴趣(如牙齿的形状、尾巴的位置、是否比沙发长),答案就会快如闪电地找上门来。当然这不是说你在"转动心里的眼睛"去查看"心理老虎",而是说,你的思维在一问一答地即兴创造着答案。由此可见，生动图像的主观体验其实就是我们随心所欲地质疑、探索和摆弄观察"老虎"的视角。

　　成像或知觉中那种栩栩如生或包罗万象的感觉，都是我们维持骗局的能力赐予的。我们不可能把相关事物的巨量信息一下子"装"到记忆里，但是我们可以针对任何有关视觉体验的问题立刻找到答案。图像之所以栩栩如生，其实就是因为不管有什么疑问（如老虎的爪子是缩进去的吗？嘴巴是张开的还是闭住的？前肢具体处于哪个位置？它的鼻子长什么样？它是什么颜色的？），答案都在手头。如果这是一只真实的老虎或老虎的照片，并且就在我们的面前，那么只要转动一下眼睛或注意一下就够了。但如果这是一只想象出来的老虎，那么大脑就无法咨询内在的心理图片了，此时需要的是自己补全爪子（如张开还是缩着）、嘴巴或四肢的细节。

　　和口头解释（第1章）及感觉体验（第2章）一样，心理成像也是虚构的，充满了稀缺性和不一致。比如有关老虎的心理图像，不管生动与否，都非常简略——几乎缺失了所有信息。此外，对图像的描述也存在不一致，我们马上就会讲到这一点。成像或知觉中的那种栩栩如生感，并非因为存在一份完整精确的"内在复制品"。这不过是一场幻影，是即兴创造出来的错觉。

　　我们再来看看比老虎简单的东西。假设桌子上有一个立方框（图17），我打量了一番之后，不由自主地想：外在世界有一个立方框（即桌子上的物理实体），心理内在世界也有一个立方框（即我

## 第一部分
### 心理深度错觉

的"心眼"可以看见的内在立方框)。并且,只要我花点儿(心理的)力气,闭上眼睛就能看见桌上的立方框。也就是说,在与"外在立方框"实体断开之后,心理的"内在立方框"仍然可以维持。

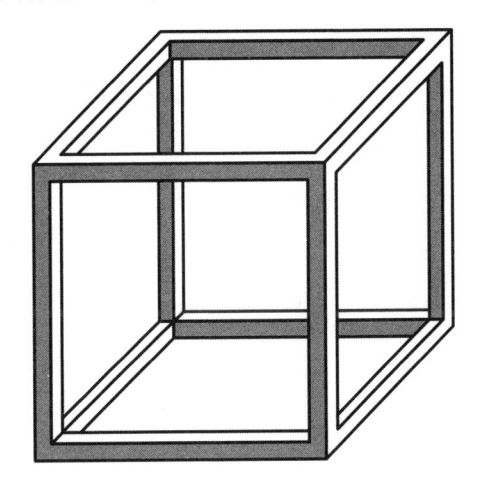

**图17 像立方框这么简单的东西,你可以在想象中轻易地变换它吗?**

说到知觉,内在世界与外在世界好像是一致的:内在立方框大致就是桌上立方框的复制品。我之所以用"大致",是因为实体立方框有许多细节(如有些地方褪色了,但从我这边根本看不见)。而想象的立方框没有。再比如,实体立方框是由具体材料制成的(如框架由铜制成),但想象的心理立方框就不具备这个特点。尽管如此,我们从直觉上感觉这份内在的心理立方框拷贝已经足够完美了。此外,立方框不像老虎那样复杂,我们对它的全部信息应有十足的把握。

## 思维是平的

有趣的是，内在立方框好像拥有自己的生命。我闭上眼睛之后可以隐约地看到它；它从桌子上飘了起来，悬浮一会儿之后飘到了我的左侧；它像地球仪一样优雅地转着，最后翻了一个筋斗，落回桌面。这似乎表明我可以探索与外在现实脱钩的内在知觉世界。此外，虚构世界、魔幻仙境和梦境王国不都证明思维创造的内在世界是丰富多彩的吗？

好吧，让我们打破砂锅问到底，看看这种观点是否正确。现在设想你是"内心探索者"（简称"探索者"），心里想好了一个立方框，我作为"怀疑者"向你提问。

怀疑者：告诉我，你可以在心里清楚地看到立方框吗？

探索者：可以，非常清楚。

怀疑者：立方框在桌子上是怎么摆放的？

探索者：哦，这个简单——立方框有一面紧贴着桌子。

怀疑者：那阴影呢？

探索者：阴影？

怀疑者：对啊，在这个生动的图像里，应该有光线从哪里照射过来吧，比如有一盏台灯。

探索者：对对，应该有光线。我想起来了，灯就在立方框的正上方。

怀疑者：如果是这样的话，那么立方框肯定会在桌面上留下阴影啊。

# 第一部分
## 心理深度错觉

探索者：你说得对，会有阴影，我只是没怎么注意。

怀疑者：那你给我描述一下阴影的图案吧。

探索者：呃，都是些长方形、正方形，纠缠在一起，好像形成了某种网格——我确实能看到它，但不知道怎么描述。

怀疑者：（递给对方纸和笔）那请你把它画出来吧。

探索者：谢谢！可是好像没那么容易。

怀疑者：或许我能帮上忙。请你想象立方框靠单"角"支撑的样子。

探索者：好像有点儿难啊。

怀疑者：好吧，我给你看一幅图片（图18），可能会对你有所帮助。对于如此简单的一个几何形状，我这么做好像没有必要。说实话，我是在帮你作弊！但不管它了，你就扫一眼，看能不能帮助你更清楚地看到心中的立方框。

探索者：好的。

怀疑者：立方框总共有8个角，我们先不管"底下"那个角（支撑立方框的那个角）和"顶上"那个角（与底下那个角相对的那个角），你能描述一下剩下的6个角是怎么分布的吗？假如其中的一个角的顶点落在一个想象的平面上，那么这个平面与其他角是什么关系？

探索者：呃，6个角的顶点应该都在这个平面上。

怀疑者：可是这样就自相矛盾了，这在几何上是不可能的！你确定可以看到心中的那个立方框？（不要去看图18！）

思维是平的

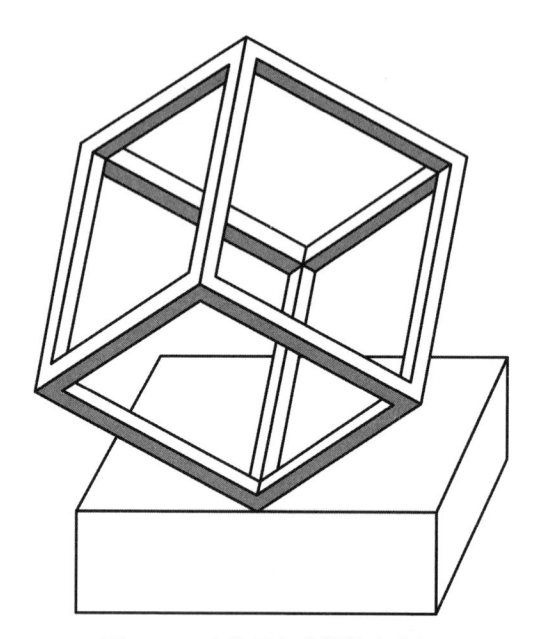

**图18 一个靠单角支撑的立方框**

顶上那个角必须在底下那个角的正上方，否则立方框就会倾倒。那么其他6个角是如何分布的呢？是处于相同的高度，还是不同的高度？或者是一层一层的？这些问题很难回答，即便这个立方框就在你的眼前。[3]

探索者：好吧，那它们就在不同的高度上？

怀疑者：可是这样在几何上也是不可能的。

探索者：那就是两个或三个角的顶点落在这个平面上？

怀疑者：你说对了，是三个。其实这六个角形成了两个等边三角形，一个在上一个在下。

探索者：啊，你说得对。我想我现在能看见了，我不知道我刚才在想什么。

# 第一部分
## 心理深度错觉

怀疑者：既然你能看见了，那么请你告诉我这两个三角形是什么关系——你确定能看见吧？

探索者：也不一定。可是我也不瞎猜了，不然你又说我自相矛盾。

怀疑者：好，让我们试试其他问题。假如靠单角支撑的那个立方框正上方有一盏灯——你可以看到吗？如果不行，可以看一下图18。

探索者：不需要，不就是一个立方框和正上方的一盏灯吗？我看得到。

怀疑者：它的阴影是什么样的？

探索者：呃，好吧。许多线条互相交叉，好像一个横七竖八的网格（开始有些绝望了）。

怀疑者：那这些线条是十字交叉的吗？

探索者：可能是吧。

怀疑者：它们像某种熟悉的图案或形状吗？

探索者：呃……

怀疑者：（刻意挥手让对方看到图19）是这样的吗？

探索者：（脸色苍白，抱头缩颈，无言以对）……

以上对话说明，我们不可能就心里的"地形"做出探索和描述。就像这位可怜的内心探索者，看似胸有成竹、头头是道，其实他说的话都是临时编造的。在真实世界里，不管我们有没有注意到，立方框都有自己的影子。也不管我们有没有去注意，影子肯定会形成某种形状，当我们注意到它们时，我们至少可以粗略地描述。在真实世界里，靠单角支撑的立方框会有一个类似于纸风车的影子，我们可以看到它并做出准确描述，有时连我们自己都有点儿惊讶。

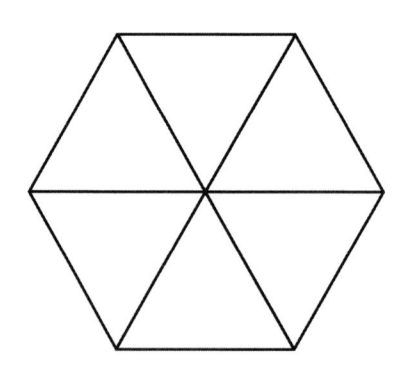

图 19　立方框的阴影像一个纸风车

多注视一会儿，你会发现它突然变成了一个三维立方框的投影。事实上，当我们从立方框的正上方往下看时，就能看到这个形状。

但是内心探索者就无法做到这一点，他的描述可谓惨不忍睹：不仅常常漏掉最重要的信息（如阴影），而且极易陷入数学上的自相矛盾。首先，他的立方框所处的桌子空空荡荡，没有光源，也就没有阴影。此外，他想象的桌子可能也没有任何形状或大小，桌子和立方框没有任何颜色，立方框的大小也不确定。当然在我提及光源和阴影的时候，他可以把它们添加进去，但是结果非常简略。对于阴影，他只知道它是由一些线条构成的、像网格一样

第一部分
**心理深度错觉**

的歪斜图案。除此之外，他就一无所知了。当我问到他6个角的时候，他完全糊涂了。其实答案很简单，就是一上一下的两个等边三角形（图20），其他答案在几何上都是不可能的，但他恰恰就做出了这样的回答（我们也好不到哪里去）。

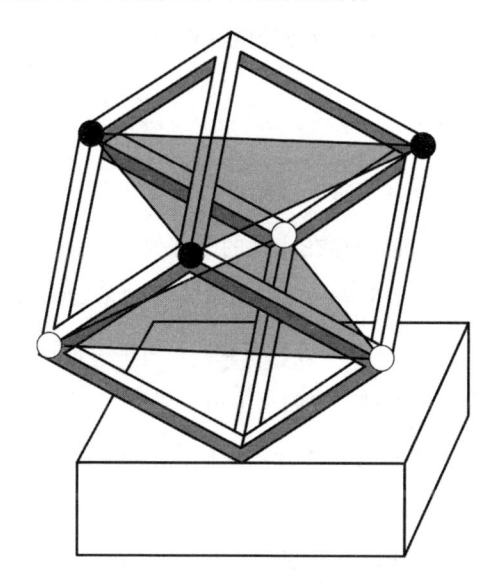

**图20　一个靠单角支撑的立方框**

　　我们用圆圈突出了中间的六个角，其中白色的三个角和黑色的三个角各形成了一个水平的等边三角形。两个三角形朝向不同的方向，形成镜像关系。

　　直觉告诉我们，我们可以想象出立方框移动的样子，甚至能隐约地看到阴影随之移动，但结果证明我们只是抓住了皮毛。有人认为内在世界肯定存在，只不过我们很难描述其动态和复杂的一面罢了。但问题不在这里，因为当立方框的阴影非常简单时

（像一个纸风车），我们也没有给出正确的答案——我们给出的所有答案在数学上都是矛盾的！

如果考虑到视觉体验是即兴的，那么成像的不完整性和矛盾性就不足为奇了。如果你现在还相信我们内心中有一张外在世界的"图片"，那么你被心理深度错觉骗得很惨。

## 遗失的世界

得出上述结论是不是太草率了？探索者的回答固然讲不通，但是怀疑者的问法也是存在问题的吧。要不是怀疑者步步紧逼，探索者也不至于惊慌失措，以至于陷入自相矛盾的境地。这么做简直就是盘问犯人，即使对方没有犯罪也可能会被逼疯吧。

这种反驳站不住脚。我们马上就会看到，不管我们如何刺探内心深处，人们无一例外都会陷入糊涂。我们的回答破绽百出，根本无可救药。原因在于：想象和视觉体验一样，也是一个狭窄而明亮的观察孔。通过这个观察孔看到的画面是以一种新颖、微妙和聪明的方式被创造出来的，而不是从面面俱到、和谐一致的内在世界里照搬过来的。

最后，让我们回到老虎的条纹上。图21展示了一只真正的老虎，它身上的条纹是纵向环绕的——这个大部分人都猜对了。腿上的条纹是横向环绕的，而不是纵向"流下来"的——这个大部分人也猜对了，但已经不那么好猜了（图16中左上角的轮廓图是最接近的）。可是你有没有发现，老虎的前肢根本没有条纹？后肢

第一部分
心理深度错觉

上的条纹是逐渐从横向（环绕后肢）"旋转"为纵向（环绕身体）的？还有，头上的条纹形成了一个比较复杂的图案，你在看到它之后才觉得似曾相识，此前根本没有留意过这个位置。最后，你肯定也没"看见"它的白色肚皮和四肢内侧。好了，现在你还坚持你心中的老虎图像和照片一样真实和详细吗？

**图21 老虎身上的条纹（答案揭晓）**

其实仔细想一想，以上结果一点儿都不奇怪。我们已经知道，我们是一次一个要素地抓取视觉世界的。心理成像也是一个道理。对于想象出的老虎，当我们对它的尾巴形状感兴趣时，我们的"心眼"立刻就会去注意尾巴；当我们想知道它的爪子是张开的还是缩着的时候，我们的想象力立刻会给出一个答案。对于想象出的立方框，当我们关心周围光源的位置时，我们会立刻创造一个光源；如果被问及立方框的阴影，我们也可以立刻勾勒出一个阴影（如前所述，虽然极不准确）。总之，心中并没有一个丰富多彩的现成图像，更不存在一双"心眼"，可以近距离观察那个图像，或专门去注意图像的左侧或右侧。心理图像其实是我们一砖一瓦地连续创造出来的。

那这对我们认识梦境有什么启发呢？梦境无疑是一个瞬间碎片不断创造和解体的过程。不管做梦时感觉多么逼真，我们在梦醒之后都会觉得荒唐可笑。梦境会在我们尝试回忆时暴露出它的矛盾性，比如场景和时间经常突然跳跃，人们的身份一直在变，有些人会毫无预兆地出现或消失，等等。梦境就像虚构作品一样充满了碎片和矛盾，而且它还是最不成熟的那种虚构的小说，因为梦境中不存在一个打磨它的作者，只有离奇的想象力在这里横行。

举个例子，假如我们在梦中遇到了老朋友路德维格，你会记得他穿了什么衣服，有没有戴着眼镜，最近有没有理发吗？我对此持怀疑态度。有人可能会说，这是记忆的问题，因为梦境的记忆消退得很快。我想说的是，这都算不上什么解释！事实上，我们不是忘掉了它们，而是大脑在一开始就没有给出这些细节。还有很多问题，梦境都不会给出确切的答案，比如：当时的天气如何？我们站在了哪种地板或地面上？当时是哪一年？有什么背景噪声？声音大不大？能听到汽车或火车的声音吗？能看见一些花草树木吗？每一棵树有多少片叶子？其中又有多少片叶子是朝向太阳的？等等。

第一部分
**心理深度错觉**

梦境是即兴创造出来的，只有寥寥无几的细节。我们的思维在创造梦境时，只锁定了一部分信息碎片，其他的都"留白"了。不管是天气情况，还是路德维格的裤子（他穿着牛仔裤还是经常穿的那条格子裤？），都不存在什么答案。这就像霍默·辛普森（动画片《辛普森一家》中的主人公）的肝长什么样，或者飞天万能车的油耗是多少一样，这些问题是没有答案的。

## 知觉和想象

当然，知觉和想象的结果还是有很大不同的。在感知外在世界时，我们可以通过仔细观察一再核实，除非是故意设计的心理学实验，否则肯定能得到一致的答案。这是因为构成外在世界的客体是大体稳定的，我们可以从多个角度观察它，而且不同角度的观察肯定能整合起来。但是想象的结果就不一定了，思维产品会像奥斯卡·鲁特福德的图形一样前后不一。就拿小说创作来说，即使是最用心的作家也避免不了自相矛盾——他给各个角色的背景故事写注释，给故事发生的地点画地图，给家庭关系画谱系图等，结果矛盾还是悄然发生了。苦心经营的创作如此，临时创造出来的话语和图像就更不用说了。

上述立方框的讨论启示我们，各式各样的内在世界都是值得怀疑的。如果有关立方框的答案都是临时创造的，那么动机和信念恐怕更是如此。事实上，我们关于人类动机和信念的描述和我们对心中立方框的描述一样前后不一。这种情况的发生并不是因为我们很难进入内心深处并做出描述，而是因为根本就不存在什么内心深处。

有一个问题大家都很好奇：梦境中是否有颜色？答案是：梦境和故事一样，既没有颜色，又没有质地、气味、光线和背景噪声。我们觉得梦中五彩缤纷，其实是由于我们的好奇而临时创造的，也就是说，我们一点儿一点儿地拼凑出了梦境。这意味着，如果我们在做梦时没有关心过路德维格裤子的颜色，那么这个信息就是空白的。有人不认同我的观点，认为这只是因为我们没去注意罢了。但这是一种误导，就好比我们认为奥菲莉亚（《哈姆雷特》中的角色）戴着的耳坠是某一年从哥本哈根的某个珠宝商那里买来的，可是莎士比亚连想都没想过这个问题。简而言之，这种看法把现实（不管我们知道与否，无数的事实就在那里）和虚构（除了作者认证的"事实"，没有任何其他事实）混为一谈。

当我们怀疑是否存在未听到的声音、未感觉到的疼痛、潜藏的动机，以及不为人知的信念时，我们也容易把现实和虚构混为一谈。这些镜花水月似的东西像路德维格的裤子颜色和我们心中立方框投射的阴影一样不真实。前后不一、粗枝大叶的意识流并不是丰富的内心世界投射的产物。或者说，我们的思维不是内心世界的影子，它需要我们去描绘它、发现它——思维是我们接二连三虚构出来的产品。

第一部分
**心理深度错觉**

## 永不停歇的想象

著名的奥地利歌剧导演赫伯特·格拉夫在 4 岁时目睹了一桩可怕的事故。当时他正和母亲在维也纳的街上走着，忽然看见一匹拉着大货车的马跌倒在地，开始疯狂地乱踢，赫伯特还以为它会死去。赫伯特是个敏感的孩子，所以这一惨状给他留下了深刻的印象，他曾说自己很害怕其他马也会跌倒。这导致以后他只要看到马和马车（尤其是和事故中类似的大马车）就会心生恐惧。而且，他不仅害怕马跌倒，还害怕它们咬他，他说他最害怕"马眼上的东西和马嘴上的那个黑色的东西"[4]——赫伯特可能指的是他小时候看到的那种役用马戴的眼罩和口套。这种恐惧进一步发展为他只要上街（维也纳的街道）就心生焦虑，因为街上到处都是马和马车。他的父母为此忧心忡忡。

据我们所知，赫伯特从来没有目睹过马咬人，那么他为什么会害怕呢？我们自然会推测：一开始的事故导致他在看到马时高度焦虑，具体表现为脉搏加速、呼吸急促和肾上腺素飙升等一系列体征，我们只能把这些体征解读为"他怕马"。但是大脑还需要解释他为什么会害怕，也就是说，一匹马会给一个小孩造成什么伤害。这样自然就导向了马可能会咬人的解释（当然还有其他可能性）。

幸运的是，赫伯特对马的恐惧逐渐消失了（其实这是儿童恐惧症的常见情况，当然也有例外），原因可能是马乱踢的情境从记忆中逐渐消退了，也可能是后来意识到或发现马并没有什么危害。

## 思维是平的

人类特别喜欢给再平常不过的行为添油加醋。我们可以看一下赫伯特的父亲马克斯·格拉夫（一位著名的音乐评论家）对儿子恐惧症的反应。他当时沉迷于盛行一时的幼儿性欲理论，为此给维也纳当地的医生写信，说他怀疑儿子的恐惧症"是因为母亲的温柔导致他的性欲被过度激起而引起"。而赫伯特之所以特别怕马，"可能是因为之前见过巨大的阴茎，被吓到了"。[5] 这位医生表示同意，说赫伯特"的确像年轻的俄狄浦斯一样，希望摆脱父亲，以便独自和漂亮的母亲待在一起，和她睡在一起"。[6] 在他们看来，赫伯特对父亲充满恐惧，并把他看作争取母亲垂青的有力情敌。

赫伯特的父亲和这位医生由此怀疑，赫伯特所害怕的"马眼上的东西和马嘴上的那个黑色的东西"应该是父亲的眼睛和胡子。这位医生认为赫伯特害怕出门还有更深层次的动机。他写道："他害怕的东西使得他的行动自由受到严格限制，其目的是留在家里和心爱的母亲待在一起。"[7] 这个说法本身站不住脚，因为从来没听人说过当母亲不在身边时赫伯特会感到焦虑，而且即使母亲陪在他身边他也会害怕出门。由此可见，赫伯特害怕的不是和母亲分开，而是出门（当然，如果说他害怕惨剧重演，那也说得通）。赫伯特的父亲和这位医生不认同这一点，他们认为赫伯特隐瞒了他害怕的真正原因（甚至他自己也不肯承认），这种隐瞒行为再平常不过。他们得出的结论是：尽管恐惧症产生于那次惨剧之后，但这并不是恐惧症的主因，背后其实有着许多潜意识的影响。那当事人怎么看呢？赫伯特说："不对！我就是从那会儿开始的，就是

# 第一部分
## 心理深度错觉

拉车的马跌倒的时候。它可把我给吓坏了，真的！就是从那会儿开始我得了这个莫名其妙的病（赫伯特如此称呼自己的恐惧症）。"

在我们看来，赫伯特的行为很容易解释，根源就是那次可怕的事故。但人们觉得如此解读过于"肤浅"，他们宁愿借助弗洛伊德的理论做出一个极其烦琐但显得很"深奥"的解读，即赫伯特渴望杀掉父亲，和母亲睡在一起。可是赫伯特的父亲只是个业余心理分析师，而赫伯特父亲咨询的这位医生仅仅根据父亲的来信和一次与赫伯特的简短采访就做出了诊断，这样得出的结论是可靠的吗？

这个案例之所以值得我们特别关注，是因为后来成为歌剧界名人的赫伯特其实就是我们熟知的"小汉斯"，而那位维也纳医生，你可能已经猜到了，其实是西格蒙德·弗洛伊德；这个案例研究也成为精神分析学中的经典案例之一。你可以去查看一下赫伯特的维基词条，其中近一半篇幅都在讨论他的恐惧症（这是个人人可以编写词条的时代），这和有关他作为歌剧界权威的文字的篇幅差不多，但是赫伯特患病的时间并不是很长，而他在歌剧界却工作了近50年。

继马克斯·格拉夫和弗洛伊德的探索之后，许多分析师也仔细分析了案例，却得出了各种各样的诊断结果。他们都试图进入"小汉斯"的内心世界，但是"小汉斯"和我们一样根本不存在什么内心世界，只有一些心理碎片的集合而已。这种直接采访当事者的做法（"你是不是潜意识里想杀死父亲然后和母亲睡在一起？"）不仅在细节上出错了，还根本没有什么意义，这就像去研究威廉·布莱克创作的老虎的条纹数目、汤姆·索亚是否生于星期二，以及詹姆斯·邦德一生喝掉的马天尼数量是否是质数一样。我们当然可以利用想象填补细节，但想象的产品终究是虚构出来的，而不是事实。

最后，我把我的观点明确如下：格拉夫和弗洛伊德错就错在混淆了文学创作和心理学。他们可以就赫伯特和他的恐惧症编造出许多故事，对于想象力丰富的作者而言，他们关心的是哪个故事最有趣、最惊人和最令人愉快。事实上，只要看一下弗洛伊德做的笔记，就会发现他是一个热衷于讲故事的高手。他不过借助于大量的神话艺术知识提出了许多有关人类经验的新视角。遗憾的是，这些视角与真相无关。简单点儿说，尽管格拉夫和弗洛伊德都认为心理学应该是科学，但他们把它搞成了文学艺术。

关于心理图像和梦境的不堪一击，我们已经讲得够多了。但这就是故事的全部吗？大部分人都感到脑海里充满了想法，我们虽然不太确定这些寄居者的本质，但还是有许多似是而非的解释值得考虑，比如信念、欲望、恐惧、心理图像、逻辑论证、辩解、愉悦、兴奋、忧郁、焦虑感、满足感、屈服、热情、怒火中烧或感同身受等。我们对思维中的内容只有非常模糊的感觉，这绝非偶然——心理构架看似固若金汤，可是当我们伸出手去触碰它时，它立刻就轰然倒塌了。

# 5
# 高桥上的爱情

列夫·库里肖夫是一位苏联导演，他在19岁时拍摄了自己的第一部电影，之后躲过当时的政治雷区并成为苏联电影产业中的显赫人物。他在心理学方面亦有重大发现（见图22），曾把苏联无声电影明星伊万·莫茹欣镜头分别与三张图像（躺在棺材里的死婴、一碗汤和一个斜躺在沙发床上的妖艳女子）交替播放，结果观众都被莫茹欣的精湛演技折服了，认为他分别演绎出了悲伤、饥饿和欲望。可事实上，莫茹欣的演技谈不上精湛，甚至不存在什么技巧，因为与三张图像并列的是同一个镜头——当把一张相对呆滞的脸和一些充满情感的情景并置时，观众情不自禁地就对莫茹欣的情感状态做出了解读。[1]

库里肖夫效应在电影艺术中影响巨大，阿尔弗雷德·希区柯克曾在1966年的一次电视采访中将其誉为最强大的电影技巧之一。[2]而且这种效应不限于电影剪辑和图片并置，图片的背景也可以让我们对一张脸做出截然不同的解读（见图23）。

思维是平的

图 22　库里肖夫效应

当一张表情神秘的脸和不同的情境并置时，观众对同一张脸做出了截然不同的解读。[3]

图 23　一次竞选集会上的美国参议员吉姆·韦伯

当把竞选集会的背景抽取出去之后，他看起来愤怒和沮丧；但补上之后，他又变得高兴甚至得意起来。[4]

## 第一部分
### 心理深度错觉

我们以为自己只"看见"了脸部及其表达的情感,但是背景扮演了比我们预想更为重要的角色。可以说,背景的作用在知觉当中无处不在。试看图 24 中的图案:当我们单看图片的某个局部时,我们做出了不止一种解读(就像莫茹欣看似精湛的演技或图 23 中韦伯的兴奋表情一样),但是在更大的背景下歧义立即消解了。可见这里存在一个一般原则:大脑要参考更大的背景才能对每一个知觉输入(每个脸部、物体、符号或任何东西)做出尽可能合理的解读。

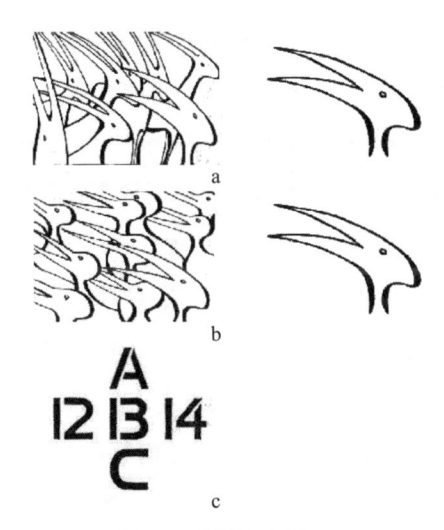

**图24 背景与歧义**

a:一群兔子让既像鸟又像兔子的右图看起来更像兔子;b:一群鸟则让它看起来更像鸟;c:数字和字母中也有类似的现象。[5]

## 理解神秘的自我

库里肖夫效应适用于解读他人的情感，那么它是否也适用于解读我们自己的情感呢？从狭义来说，这是完全可行的。当莫茹欣自己看见他与悲剧、食物和诱惑分别并置的图像时（和图 22 一样），也极有可能会像我们一样解读他自己的（静态）表情——分别轻微而巧妙地暗示了悲伤、饥饿和欲望，甚至会为自己被低估的演技而暗自得意。我们还可以想象，如果莫茹欣知道这些照片来自他生命中的重要时刻（而非表演），那么他会像我们一样从他自己的表情中解读出在相应背景中最为合理的情感。

现在设想一个不同的情况（例子可能有点儿奇怪）：我们不是（或者不只）看到了莫茹欣的表情，而是听到了他的心跳——比如在图像（棺材、一碗汤或年轻女子）出现之后他的心跳明显加快，那么我们该如何解读这个生理信号呢？我认为我们还是会做出悲痛欲绝、饥肠辘辘或欲火焚身的解读。如果我们可以知道他的呼吸声变浅变快还有肾上腺素水平上升，那么这些现象只会巩固前面的解读（而且这些信号会同步变化）。

现在回想一下我们在事发时是如何解读自己的情感的。我们通常看不到自己的面部表情，但可以略微感知到自己的生理状态，比如我们可以在某种程度上察觉到自己的心跳加速、呼吸变快以及肾上腺素涌动全身等。这些信号和莫茹欣的神秘表情一样是丰富莫测的，可以表示各种各样的情感。

所以说，我们在理解自己的情感时也可能要受制于库里肖夫

# 第一部分
## 心理深度错觉

效应。那么有没有这种可能,即体验到哪种情感不是由我们的身体状态体现或决定的(正如情感不会被写到脸上)。身体状态也是一种神秘莫测的线索,需要我们做出解读,而且在不同情境下还可以做出不同的解读。简单点儿说,情感(包括我们自己的情感)也是虚构的?

1962年,心理学家斯坦利·沙赫特和杰尔姆·辛格在美国明尼苏达大学做了一个十分有名的实验,实验最先为情感来自虚构的观点提供了直接证据。研究者为自愿参与者注射了肾上腺素或无效对照剂,然后把他们带到一个等候区,让他们在那里稍坐一会儿直到实验开始。这些参与者发现房间里多出了一个参与者,好像也在等待实验开始。

但其实实验已经开始了——那个人根本不是参与者,而是研究者特意安排的"捣乱者"。这个捣乱者的表现忽而欢快(叠了一个纸飞机),忽而生气(他很不满为什么等待时还要填调查问卷)。在这两种情况下,那些被注射了肾上腺素的参与者要比只注射了无效对照剂的参与者有更强的情感反应。最令人称奇的是,他们的情感反应出现了导向更强烈的两极分化:面对"欢快的"捣乱者时,他们把自己的心跳加速、呼吸急促和脸部变红等症状解读为兴奋(比欢快还要欢快);面对"生气的"捣乱者时,同样的症状却被解读为愤怒(比生气还要生气)。

这说明高兴或生气的情感不是来自内心深处(这也是一种库里肖夫效应),而是我们临时解读出来的,而且,解读时不仅要参考当时的情境（看我们周围的人是欣喜若狂还是怒气冲天），还要参考自己的生理状态（如心跳是否加速、脸部是否变红等）。这样，如果那个捣乱者表现得比较兴奋，且参与者体验到较高程度的生理唤醒，他们就有可能把自己的积极情感解读为强烈的积极情感——毕竟只有这样才能解释心跳加速、呼吸急促等症状。他们进而会推断自己一定是体验到了某种适度的快感。如果面对的是一个生气的捣乱者，参与者表现出了消极情感，那么同样强度的生理反应（当然也是由肾上腺素唤醒的）就会被解读为一种暴躁的情感反应。也就是说，参与者都认为自己被激怒了，而不只是稍微有点儿生气。

沙赫特和辛格的实验颠覆了我们对自己情感的固有直觉。在我们的想象中，快乐或愤怒的情感各有对应的生理信号或身体状态，是它们决定了我们的"情感"。如果真的是这样，那么注射肾上腺素之后，我们应该转变为只与某一情感对应的生理状态。这样不管刚开始心情如何，我们都会变得更快乐或更恼怒（只能有一种情绪）。但实际上，注射肾上腺素之后可能更快乐，也可能更恼怒——具体取决于我们对当时情景的解读。由此可见，我们的情感体验需要自己搞清楚，其中部分需要参考自己的身体状态。我们倾向于认为情感来自心底，情感是因，生理反应是果（比如生气导致心跳加速），但事实上我们只是部分基于自己的生理状态，自己解读出了自己的情感状态。

你可能会想，这种说法是不是有点儿操之过急了？可能注射

# 第一部分
## 心理深度错觉

肾上腺素确实具有简单的情感效应，即可以发挥增强剂的功能，但是我们不能否认情感来自心底的常识观点（但要基于捣乱者的表现，即高兴或生气），只是体验到的情感强度会根据人们被唤醒的程度相应地放大（或抑制）。为了验证这种说法是否可信，沙赫特和辛格聪明地在实验中做了修正：在被注射了肾上腺素的参与者中间，一些人被告知他们可能会有的生理反应（心跳加速、呼吸急促等等），一些人则未被告知（我们称这两种参与者为知情者和不知情者）。

我们已经描述过那些不知情者的增强情感反应了，那么知情者的情况如何呢？如果肾上腺素只是扮演了情感增强剂的角色，那么不管我们对它的可能效应知情与否，它都会继续发挥作用。但是如果我们在解读自己的情感体验时参考了自己的生理状态，那么对注射肾上腺素的可能效应知情与否将关系重大。因为知情者会把自己的高度唤醒状态归因于注射了肾上腺素，而不会把自己的生理状态当作判断对捣乱者表现的情感反应强度的线索（当然他们不可能完全忽视掉这种影响）——这正是沙赫特和辛格在实验中观察到的结果。

你会觉得这种观点难以接受。我们的情感当然来自内心深处。情感第一位，生理结果第二位。心跳加速是因为情绪激动。可惜这只是一种常识观点。我们完全可以把因果关系倒过来，也就是说，我们之所以感到心烦意乱，部分原因要从心跳加速、身体发麻、脸部变红等知觉那里找。正是因为我们一直在解读自己的身体状态，所以同样的混乱思绪才会被解读为绝望、希望或顺从等不同的情绪。

这种观点虽然有悖于常识，但也并非新观点，美国心理学家和哲学家威廉·詹姆斯早就提到过——他是心理学史上可能最具影响力教材的作者，[6]也是著名小说家亨利·詹姆斯的哥哥。他说，当身后有一头熊在追赶我们时，我们不是因为害怕而颤抖，而是因为颤抖而体验到了害怕的感觉。当然，像肾上腺素飙升、心跳加速和呼吸急促这些生理症状不一定就是恐惧的标志，我们在百米赛跑或登上舞台前也会体验到它们。其实只要是需要全身心投入的场合，我们都很难分辨自己是摩拳擦掌还是忐忑不安。不过当身后有一头熊时情况就不同了，你全身的血管都快胀破了，呼吸起来上气不接下气，这些症状无疑会被视为恐惧的标志。

考虑到这一点，上述有关肾上腺素和情感的实验就讲得通了。我们的生理状态和难以判断的面部、神秘的鸟/兔子或B一样，具有多重解读性。大脑通过身体接收到心跳加速、肾上腺素涌动和呼吸局促等知觉信号，但是这些粗糙的信号意味着什么，需要我们结合更大的语境对其进行解读：同样的生理状态可能被解读为激怒（当你和生气的捣乱者在一起时），也可能被解读为愉快（当你和欢快的捣乱者在一起时）。这就好像莫茹欣的表情一样，在不同的情境中分别被解读为悲伤、饥饿和欲望。所以说，情感不是来自子虚乌有的心灵深处，而是出自大脑参考所在情境对当时身体状态反馈所做的临时解读。我们通过"阅读"自己的身体状态

# 第一部分
## 心理深度错觉

来解读自己的情感，正如我们通过阅读他人的面部表情去解读他们的情感一样。

其实仔细想一下就会发现，事实好像只能是这样的。比如当你听说你的对手最近春风得意，或者刚从一次异国旅游中归来时，突然羡慕不已。这种羡慕无疑出自身体，但不可能存在一种特定的身体感觉正好完美对应于"羡慕艾尔莎考试得了第一"，或者"羡慕艾尔莎参观了越南神庙和海滩"这类情绪。从生理上讲，"情感波动"其实是相似甚至相同的，但羡慕这种情感的具体体验却是各种各样的，这取决于具体发生了什么事（是听到了艾尔莎的考试结果呢，还是瞥到了艾尔莎的旅游照片）。

沙赫特和辛格的实验告诉我们，同样的生理状态不只会被我们解读为同一种情感的不同版本（比如嫉妒的对象不同），还会被解读为完全不同的情感（愤怒或愉快）。这个结果有点儿令人惊讶，因为它暗示我们能从生理状态（它是情感的身体基础）中"读出"的东西非常贫乏。

那么生理信号有多贫乏呢？在这个问题上，研究情感的心理学家和神经科学家的意见并未达成一致。根据著名的"情感环形"模型（由波士顿大学心理学家詹姆斯·罗素提出），[7] 两个生理维度足矣：一个表示唤醒水平（这是我们之前一直在关注的维度），一个表示好恶。这种对自己生理状态的初始监视被罗素称为"核心情感"。但是体验某种情感还需要参考所在情境对"核心效应"做出的解读。以"羡慕"的情感体验为例，它涉及轻微的唤醒（假如羡慕没有那么极端）和稍向"恶"端倾斜，但只有在听到对手的考试结果或瞥到了她的假日照片时，我们才能把这种感觉解读为羡慕。

我们对情感的误解由来已久。这种持续 2 000 年之久的误解最初由柏拉图塑造（当然还有许多其他概念），他打了个比方，说理智和情感就像两匹背道而驰的马一样。但是这种认识从一开始就误入歧途了。事实上，情感体验是一种典型的解读行为，进而也是一种推理行为。我们其实一直在推断那些来自生理或社会语境的贫乏信号该被解读为何种情感（如愤怒、快感、羡慕或嫉妒）。这就和从别人的脸上看出悲伤、欲望、生气或得意，把 13 看成字母或数字，或把有歧义的卡通画看成兔子或鸟一样——我们则是从自身的稀缺信号中感到了愤怒、愉快、狂躁或其他情绪。可见最终情感体验如何，完全取决于你如何解读，这也是我们理解人生及世界其他方面的武器。

可是有时我们好像确实能体验到理智与情感之间的斗争。比如艾尔莎在纠结是否要去越南旅游，她的心灵说：去享受越南的奢侈之旅！头脑则在劝阻她：不要，钱不够！需要注意的是，这两股力量并非理智与情感，而是两种不同类型的理智：一种理智基于假日的诱惑（可能还有虚荣心在作怪），一种理智则基于财政拮据（害怕负债，担心花销过多）。两种理智都有感觉和情感（如欲望、希望、恐惧和担心）参与。可见"头脑"与"心灵"的交锋并非理智与情感的斗争，而是一种理智、情感与另一种理智、情感的斗争。

# 第一部分
## 心理深度错觉

## 解读情感

当然，你可能对此不以为然，坚持认为自己没有解读情感，而是拥有情感。首先，这都不算是一种论点，只是把常识照搬过来而已。其次，我们已经看到，关于我们如何思考的许多常识直觉都是错误的，比如前面提到的全局错觉，以及认为想象世界无所不包的直觉等等。可是当提到解读情感的观点时，我们还是有点儿措手不及。

如果情感是"解读"出来的，那么这将导致一些听起来非常奇怪的后果，尤其在我们假设身体的其他方面（除了唤醒水平）也会影响对自己情感状态的解读时。比如我可以假装开心，即强颜欢笑和手舞足蹈。如果情感是解读出来的，那么它不就意味着我一定是开心的吗？可是这是不可能的，不仅因为它明显不可信，还因为它暗示有一种能够包治人类所有痛苦的灵丹妙药，即假装一切都好自然会感觉良好。但奇怪的是，这种简单易得的灵丹妙药在几千年的文明史中从来没有被开发出来过——可以说实现这个梦想还很遥远。

尽管如此，假装"开心"或"失落"确实可能会影响到你对自己情感的解读。比如，你可能会通过表现得开心一点儿来让自己的生活显得更快乐，可是如果表现得过火了，就会弄巧成拙——因为我们解读情感的系统是极为复杂的。你可能有过这种经历，即过于热情会被他人理解为插科打诨甚至冷嘲热讽（我们自己也遇见过这种让人不知所措的过火表演：他是真的很热情呢，还是在刻意嘲讽？）。如果解读自己的情感也符合这个道理的话，那么当自己的外在行为与情境特别不符时，我们的行为就可能显得很讽刺。

这能够解释一个非常有趣的研究。这个研究要求人们听一段有关学生是否应随时携带身份证的说服力强或没有说服力的信息，并且让他们在听的时候上下或左右移动头部（实际上就是要求他们点头或摇头，并且让他们相信点头是为了确认耳机质量没有问题）。[8] 人们容易被说服力强的信息说服，这没什么问题。而且你会预测，点头者应该比摇头者更容易被说服。他们虽然只是按照指示点头，但这并没有妨碍他们把点头解读为认同。但是接下来就有点儿奇怪了：当听到的信息没有什么说服力时，移动头部的效应反过来了——"点头者"不易被说服，而"摇头者"更易被说服。从解读的视角来看，这一点儿都不奇怪。当我们看到一个人在听到明显没有说服力的论点时还使劲儿点头，我们会想这根本不是表示认同，而是表示嘲讽，好像在说"才怪呢"。如果我们在理解自己的情感时，也像他人理解我们的情感时一样参考我们自己的动作，那么在一个明显不具有说服力的语境中强行点头，我们就会把自己的动作解读为不屑一顾，而非心悦诚服。而一旦我们把自己的点头解读为讽刺，那么我就会推断，自己一定是认为那条信息真的没有什么说服力。[9]

由此可见，所谓灵丹妙药是不存在的。横咬着铅笔装出笑脸，或者强颜欢笑并不会让你保持开心，也不会神奇地缓减你的压力。

# 第一部分
## 心理深度错觉

感觉不开心非要装开心只会适得其反，会让你把自己的努力视为对快乐的肤浅嘲讽，甚至更清醒地意识到自己其实一点儿都不开心。

## 创造情感

20 世纪 70 年代早期，在加拿大温哥华的不列颠哥伦比亚大学校园内，一个有关生理吸引和浪漫感受来源的奇妙实验完成了。[10] 社会心理学家唐纳德·道顿和亚瑟·阿伦分别在一座略微摇摆的高桥的一端和一座比较平稳的低桥的一端安排了漂亮的女性实验人员，要求她们拦下不知情的男性填写一份调查问卷，填写完之后把自己的电话号码告诉男性（这是实验的关键），告诉他们以后有什么问题可以打电话咨询。结果发现，"险"桥一端的女性更容易吸引男性，也更容易收到男性的来电。

你可能已经猜到原因了。男性在穿过危险的高桥之后，肾上腺素含量会上升，在遇到漂亮的女性实验人员时仍没有下降。平常情况下，可以把这解释为对恐惧的反应，因为那座桥实在是太高太陡了。但现在出现了一个新的因素——那些漂亮的女性实验人员！既然生理和（或）浪漫吸引也会导致肾上腺素含量上升，那么当他们与女性实验人员交谈一番并按要求填写调查问卷之后，自然就会把这种体验归到浪漫吸引的头上了。

我们对自己的思维知道得实在太少，因此只能不断努力地去理解自己的体验，也因此常常得出错误的结论。由上可知，吸引不是从内心深处涌现出来的。我们之所以把肾上腺素解读为吸引

（而非恐惧或愤怒），只是因为参考了所在的情境。大脑无时无刻不在努力解读来自身体的少量生理反馈，而且正如道顿和阿伦所发现的：我们的内在解读者很容易受骗。

那么这对浪漫爱情有何启发呢？一个可能让人难以接受的看法是：与一个新的潜在伴侣亲近到一定程度，就会激起较高程度的生理唤醒（可能还有许多积极的感觉）。这种唤醒不应被解读为任何浪漫奇遇的副产品，而是表明了两人之间存在一种特殊的"纽带"，或者表明"对方"有许多自己特别中意的品质。当然这些信号不一定总具有误导性，因为感受的强度可能在某种程度上反映了两人之间"联结"的强度。尽管如此，由于许多早期热恋都会或多或少地突然冷却（源于流言蜚语、心理治疗或胡思乱想），这正强烈地说明了这些"信号"并不像我们认为的那样可靠。我们一直在基于极其贫乏的线索解释自己的感觉（以及他人的感觉），这样就导致我们极易犯错。

那爱情的"真谛"是什么呢？如果受困于心理深度错觉，就会轻易接受爱情来自"心底"的想法：我对伴侣（或将来的伴侣）必须"情到深处"，伴侣对我也必须"爱得很深"（如果不是我们会很失落）。在人们看来，这些内心的"感觉"十分玄妙莫测，陷入其中必将经历一段忐忑纠结的时期。比如，我们会陷入无尽痛苦，纠结于对方是否爱我们，有多爱；而我们又是否深爱对方，爱到何种程度——结果当然是得不到任何答案！

我们在前文已经看到，我们就心里的"地形"提出过许多问

## 第一部分
## 心理深度错觉

题,但都没有得到确切答案——这些问题与爱情相比要乏味得多,如"想象出来的立方框"的光线、阴影和大小,以及知觉体验到的视野边缘物体的颜色或细节等。这至少可以让我们对上述观点(即我们心底藏有某种可以一劳永逸回答所有爱情问题的神秘存在)抱有怀疑。

我们的情感不是真实的:它们并非来自内心,而是创造出来的。所以当我们瞥到爱人脸上转瞬即逝的表情时,我们"看不见"爱意、悔意或失望。相反,我们是库里肖夫效应的牺牲品,面对这样一个常常具有高度歧义性的面部表情(以及诸如怀疑、恐惧和希望之类的背景信息),大脑可能解读为各种不同的情感(如温柔、走神和无聊等等)。当我们把自己的生理状态解读为对某人有"感觉"时,其实也是因为澎湃的大脑在乐此不疲地解释:同样的症状(心跳加速和呼吸急促)一会儿被解释为情意绵绵,一会儿又被解释为心如死灰。

情感和想象其实没多大差别。我们以为自己可以从内在的"心理立方框"中探查到阴影,我们也以为自己可以在心灵深处找到我爱谁以及爱有多深的答案。但是在这两种情况下,我们都被某种错觉蒙蔽了。事实上,我们是在提问之时(或之后)快速地发明了针对每个问题的答案。我们以为答案是现成的,等着我们随时取用,但这只是因为我们编造答案的速度太快了。

在我看来,这种相信情感揭示内在的观点不仅流传甚广,而且贻害无穷。我们的言行都是一时兴起的产物,我们对自己和他

## 思维是平的

人的解读经常前后不一。如果相信言行来源于内心深处,将导致我们高估其重要性。几个世纪以来,对一时言行的误判在许多社交圈中导致了不可挽回的分裂乃至宿怨,而因为没有认识到"露出马脚"或"原形毕露"只是一时糊涂(反而坚持认为它们揭示了令人痛苦的真相),许多友谊和婚姻走向了终点。坚信反复无常和创意无限的思维在危机时刻会倾吐潜在真相,只会导致教徒质疑其信仰,勇者贬低其勇气,善者否定其善意。

我们可以看看哲学家、逻辑学家和政治活动家伯特兰·罗素的例子。他认为自己在1901年秋天洞察了自己的真实感受:"一天下午我在骑自行车,行经一条乡村小路时,忽然意识到我不再爱艾丽丝了。而在此之前,我从来没有意识到我对她的爱在逐渐减少,发现这一点给我带来了十分严重的问题。"[11]在罗素看来,这个想法不是一时兴起(很可能只是因为早上工作不顺利或出现了一番争论),而是一个来自地下情感世界的不容置辩的发现。这种解读带来了致命的后果:他们很快就发生不和,20年后以离婚收场。婚姻确实有失败的可能,但一旦臣服于"内在祭司"的最终判决,就只能认定婚姻没救了。而一旦这种想法在心里扎根,婚姻将没有任何挽回的余地。

像这样意气用事的当然不限于大哲学家,我们常人也容易把自己的想法和情感视为亘古不变和无可否认的,而不是转瞬即逝和一时兴起的。其中的危险在于彼时的推测("我不再爱艾丽丝了""我一无是处""世界太糟糕了")会成为此时的铁证,这样自我重复,

## 第一部分
### 心理深度错觉

最后自己就真的相信了。这个问题相当普遍，并为害不浅，以至于出现了一种致力于破解这种错觉的心理健康疗法——"正念"疗法：正视我们的想法和感觉，尤其是那些与抑郁和焦虑有关的有害想法和感觉，把它们视为可以摆脱、批评或消除的临时产品。当然，做到这些并不容易，但我们可以通过自我控制（如呼吸练习）和专注于自己的生理状态（如心率和肾上腺素水平）来与自己的情感保持距离。可是就像罗素的例子告诉我们的那样，如果受困于心理深度错觉，把情感视为来自心底的权威信使，而不是脆弱和矛盾的一时解读，那么处理思维中的消极模式将十分困难。

弗洛伊德一派认为：言行可以极其隐秘地透露心底真相，而狂热爱好者或"受过训练的分析师"可以对它们进行解密。如果有人反对他们的"解读"，他们就会顺便将其解释为抗拒心理，甚至说这只是肯定了他们的解读是正确的（"小汉斯"的例子正是如此）。在我看来，这对情感的误解简直无以复加。我们已经看到，试图搞清驱动人类行为的情感、动机和信念的做法从一开始就失败了，不是因为探测心理深度很难，而是心理深度根本就不存在！

那么这是否意味着爱情不过是错觉？陷入爱河的人不过是胡诌了一些关于双方的童话故事？完全不是！知觉和情感心理学给出的建议是：不要徒然去心灵深处寻找爱的真谛，要体验此时此地我们是如何想及如何做的。互有好感、相濡以沫、甘苦与共、合乎礼仪的卿卿我我、恰如其分的意乱情迷等，并不能证明内心深处的真实状态——它们本身就是爱的真谛！

## 寻找生命的意义

在这个越来越机械化、科学更能精确揭示自然法则的世界中，非机械化、精神和情感的价值越来越需要得到重申。这个世界显然由牛顿（或爱因斯坦）的铁律来掌控，尽管来自量子力学的绝对随机性为其增加了些许趣味，但我们要在其中寻找到意义仍然十分困难。

其实我们何止对生命的意义感到困惑（当然它更为紧迫，更为私密），我们对许多事物的意义都感到困惑："狗"的意义为什么是"被驯化的食肉动物，覆盖毛皮，中等体型，会吠叫，常被养作宠物"（这还是粗略的描述）？英国路上的双黄线为什么表示"不准停车"？ 1美元钞票、1英镑硬币或20欧元钞票为什么会有货币价值（而不只是可以被称重、扔掉、烧掉或融掉的纸张或金属）？我们自然而然会想：意义迂回地来自关系模式。以"狗"这个词为例，它从人们的使用中获得了意义，包括在语言、生活和与真实世界的联系（现实存在的狗）中所扮演的角色，以及我们的知觉系统划分世界的方式等。如果想从词本身寻找意义，那只能是缘木求鱼。钱也一样：实物货币的价值来自人与人之间的复杂关系。无数个人、店主、生产商和政府形成约定，把货币作为商品或服务的替代品；为了保证这一点，还建立了无数的规范、法律和防伪策略，以及对经济的信任。所以寻找货币意义最不应该去的地方就是钱"里面"（至少在钱币消失以后是这样的），因为纸张或金属本身并没有价值，不管你观察得多仔细，你都无法

## 第一部分
**心理深度错觉**

从纸币的花纹和硬币的成色中找到价值。总之，词语并非只是声音，货币也并非只是纸张。

这也适用于我们在体验和生活中寻找意义。情感不是通过"原始经验"的基本性质获得意义的，而是通过我们的思维、社会互动和在文化中扮演的角色来获得意义。当我们感到羞愧、自豪、愤怒或嫉妒时，我们体验到的并不是某种初始情感的发泄，而是在为实实在在的人或事羞愧、自豪或生气。这些情感当然会关联于某种身体状态（正如词语可以以语音或笔墨的形式表现，货币需要以纸张或金属作为载体一样），但是我们不应该把身体状态（如肾上腺素飙升和心跳加速）和情感本身混淆。

人生百态其实都是一个道理。几乎所有事物的意义都不是来自内部，而是在更大的关系和因果网络中确立的。所以你在判断自己是否恋爱、是否信仰上帝，以及某首令人伤感的流行歌曲是打动人心还是无病呻吟时，千万不要把精力浪费在拷问自己的内在感觉乃至灵魂上，而是要看自己的想法和感觉能否整合成一个故事，它们又是如何与自己和他人的行为联系在一起的，以及它们与过去的遭遇有何异同。

有人可能会想，既然情感这样不稳定，总是变来变去的，那么就不应该从情感方面而应该从行为方面去寻找内在的心理基础。在我看来，这是一种"事后诸葛亮"。我们将在下一章看到，如果情感可以决定行为，那么行为一样是变幻无常的。

# 6
# 操纵选择

人的大脑皮层像核桃一样分成两个部分，左脑和右脑具有不同的功能。这种左脑思维（对应逻辑、定量和分析）和右脑思维（对应情感、创新、同情）的区分在通俗心理学和通俗管理学中曾风行一时，然而现实比这个要复杂得多。

通常情况下，两个半球是通力合作的，因为有一个由2亿神经纤维构成的纤维束板——胼胝体负责在两个半球之间传递信息（图25）。

但是如果两个半球被分开，即左右脑必须独自工作，会发生什么呢？20世纪六七十年代，针对严重癫痫症的试验治疗流行开来，可以让人一窥两个半球独自工作时的情况。通过手术切断胼胝体可以减少癫痫发作，因为这样做可以阻断控制大脑的异常脑电活动的传播。可是这种极端做法对于我们了解病人（人们可能觉得这已经是一个分裂成两个不同"自我"的病人了）的心理运作有什么帮助呢？令人称奇的是，手术对病人并没有太大的影响，他们依然可以正常地生活,主观体验也没什么变化(他们的"意识"感觉依然是完整的),语言智商、记忆力等都接近正常水平。

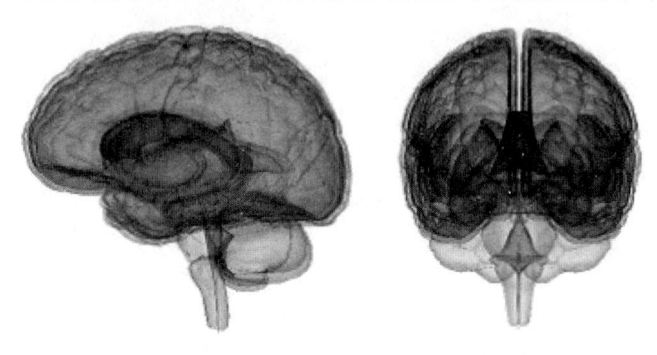

图25 连接两个半球的胼胝体(暗灰色)保证大脑可以作为一个无缝衔接的系统来运作。但是胼胝体功能遭到破坏后(如通过外科手术切断)人们仍然可以比较正常地生活[1]

在实验室中仔细分析后发现,大脑皮层的两个部分是独立工作的。让我们来看看裂脑研究先驱、心理学家和神经科学家迈克尔·加扎尼加的一个惊人研究。他在裂脑患者 P. S. 视野的左右两侧同时展示了两张不同的图片。[2] 左侧是雪景,大脑的交叉线路会把这个信息传送给右脑视觉皮层;右侧是鸡爪,这个信息会被传送到左脑视觉皮层。和大部分人一样,P. S. 的语言处理能力主要集中于左脑,孤立的右脑只有极少的语言能力。P. S. 的左脑可以识别并流畅地描述鸡爪,但她无法对右脑看见的雪景做出任何描述。

P. S. 还需要在给出的 4 张图片中选出与所见图片相关的图片。左右脑都能完成这个任务。她的左脑指挥右手(还是通过交叉线

# 第一部分
## 心理深度错觉

路）选中了鸡头的图片，正好与鸡爪匹配；右脑指挥左手选中了铁铲的图片，正好与雪景的图片匹配。

但是 P. S.（或 P. S. 的左脑）是如何解释她的选择的呢？她的负责语言处理的左脑对雪景一无所知，所以当人们看见她的左手（受右脑控制）选中了铁铲时，会预期她的左脑不会有任何表示，或者承认自己完全被弄糊涂了。但是 P. S. 对两个选择都做出了十分简洁的解释："哦，太简单了。鸡爪和鸡匹配啊。你也需要铁铲来清理鸡窝啊。"解释得很清楚，但是完全错误！左脑对于右脑把雪景和铁铲匹配起来的选择一无所知，因为它连雪景是什么都不知道。尽管如此，左脑还是欣然做出了看似合理的解释。

加扎尼加把左脑的语言处理系统称为"解读者"——一个可以讲出所以然的系统。但是有关 P. S. 的实验告诉我们，左脑还特别擅长推测。就算因左右脑失联而无法知道自己为何选择了铁铲（来匹配雪景），它还是毫无意识地做出了解释。

在另一项研究中，加扎尼加在裂脑患者 J. W. 的视野左侧展示了单词"音乐"（被传递到了右脑，那里仅有不完善的语言），在视野右侧展示了单词"时钟"（被传递到了左脑的语言处理区域）。左手在右脑的指挥下选择了"合适"的图片：一个时钟（右脑有一些关于词义的基本知识）。当被问及原图时，J. W. 回答道："音乐——我上次听到音乐，是外边的时钟里发出的，嗡嗡作响。"他说的是附近图书馆定时传来的钟声，这个图书馆离实验进行的地方不远，也在新罕布什尔州达特茅斯学院的校园里。J. W. 的左脑

-103-

"解读者"试图解释，可惜完全不着调。他的左手之所以选择了时钟的图片，是因为对应的右脑刚看过单词"时钟"，但是左脑根本不知道这个信息，但它还是乐此不疲地尝试做出解释。

可见左脑"解读者"解释右脑选择的办法就是编造故事，而且编造起来特别流畅和自然。事实上，这种能力对于裂脑患者维持心理统一至关重要。此外，"解读者"的存在还说明，即使是大脑正常的人，其解释也是在事后被自然而流畅地编造出来的。尽管我们想当然地认为这些解释反映了选择背后的深层原因（如来自内心深处的隐秘计划、欲望、意图等），但是很有可能它们只是创意无穷的左脑"解读者"在事后"捏造"的。

所以，决定说什么是一种创造行为，而不是从一个无所不包的心理数据库中读取出来的。只是因为思考和解释的速度实在太快了——好像我们一有疑问，答案就立刻出现在大脑里，以至于我们忽略了它们其实是临时编造的，从而有了我们只需"读出"现成答案的错觉。

这和前面述及的知觉如出一辙。我们通过极为狭窄的观察孔瞥到了外部世界，一有疑问立刻就能编造出相应的答案，从而维持了感觉世界丰富多彩的错觉。内在世界的丰富性也是这样造成的：我们一有疑问，答案立马自然而流畅地出现了。人们认为，我们的信念、欲望、希望和恐惧是现成的，在巨大的心理前厅里随时准备破口而出。但事实上，是左脑解读者在我们思考和感受之时临时构建了我们的想法和感觉。

# 第一部分
**心理深度错觉**

## 我们到底在想什么？

瑞典隆德大学的心理学家彼得·约翰松和拉斯·哈尔曾针对准备参加瑞典 2010 年大选的选民玩了一个心理游戏。[3] 他们先询问这些选民支持左翼阵营还是右翼阵营，然后让他们填写一份调查问卷，涉及和竞选相关的多个重要话题，如个人所得税的高低和医疗卫生举措等。实验人员收到调查问卷之后，用贴纸把原来的回答替换成了暗示支持相反政治阵营的回答（算这些选民倒霉）。比方说，支持左翼的选民后来收到的回答暗示他们支持较低的个人所得税、医疗卫生中需要有更多的私营部门介入；而支持右翼的选民收到的回答则暗示他们赞成更多的社会福利和工人权利。

这些问卷回到选民手中时，只有不足 1/4 的更改被发现了。他们说自己当时一定是弄错了，然后改回了自己先前表达的观点。但是大部分的更改都没被发现，不仅如此，他们还津津有味地解释和维护自己在不久以前根本没有持有过的政治立场。

这些瑞典的选民当然不是裂脑患者，他们的胼胝体完全正常，但他们的左脑"解读者"依然捉弄了他们。当问卷回答显示他们之前支持低税率时，他们的"解读者"（主要是左脑）便开始设法解释低税率好在哪里（比如可以减轻穷人的负担和鼓励企业）。但是就算这些说辞再头头是道，还是无法解释他们最初的回答，因为他们原本是支持高税率的。

这让我们怀疑，即使不专门捣乱，为我们言行辩护的说辞也是存在问题的。如果我们可以从心理档案馆中整理出一部心理

"史"来解释某行为，那么当我们被要求解释一件自己没做过的事情时肯定会捉襟见肘，因为我们从心理档案馆中找到的故事将导向一个"错误"的结果。可是实验结果恰恰相反：我们不仅可以轻松地为我们表达过的观点提供一个解释，还可以毫不费力地为我们没有表达过的观点提供一个合情合理的解释，而且我们根本意识不到这两者有什么分别。一个显而易见的结论是：我们在解释自己的行为时并没有参考心理档案馆中的信息。为思想、行为和行动提供解释的过程是一个创造的过程。正因为这个创造过程太迅速、太流畅，我们才相信自己的解释是从内心深处直接拿来的。但是正如我们可以通过再造图像"即时"回答掠过脑海的任何问题一样（如老虎的尾巴有多弯？四只爪子都在地上吗？它的爪子是张开的还是缩起来的？），我们也可以在心有疑虑时快速地提供一个合理的解释（"但是税率增长为什么可以帮助穷人呢？""哦，反正他们缴的税就少，这样可以从公共服务中获得更大的好处。"反过来，"税收增长为什么会伤害穷人呢？""因为他们本来就缴不起税，如果税收增长拖累了经济，他们的生活就更困难了。"）解读者可以解释任何事情、任何观点，正如一个好律师可以随时为任何言行提供辩护一样。我们的价值和信仰并不像我们想象的那样坚固。

其实，杜撰故事的解读者不会完全不顾历史，它会通过遗留的记忆来构建可信的叙述。解读者只有通过借用并改造有关过去行为的记忆才能有效地工作，因为只有遵照个人独特的记忆才能

第一部分
**心理深度错觉**

维持自我。但是约翰松和哈尔的实验告诉我们，我们有可能被实验者植入的"错误记忆"——有关过去行为的误导信息欺骗（即被自己过去的选择搞糊涂了）。

约翰松、哈尔及其同事发现，"选择盲视"现象（即为自己没有做过的选择辩护）不限于政治，还会出现在判断脸部吸引力的情况下——虽然人们觉得自己肯定不会犯错。实验要求参与者在两张脸中选出更有吸引力的那一张（图26），然后不时用欺骗性的纸牌戏法给他们看他们没有选择的另一张。人们大多没有发现这个把戏，若无其事地解释着他们为什么选择那张其实没有选择的卡片。实验者对他们的解释内容（包括长度、复杂度和流畅度）进行分析之后发现，实验者进行捣乱和未进行捣乱的情况没有什么差别。也就是说，在让他们解释那个不存在的选择时，他们并没有因注意到异常而停下来，反而漫不经心地提供了看似合理的解释。很明显，人们在被戏弄之后给出的理由都是事后追补的。比如，有个人说："我选择她是因为她的漂亮耳环和卷发。"但是他一开始选择的其实是个直发女人，根本没有耳环。可是这些参与者为了自圆其说，很乐意编造这类解释。

除了有关政治或脸部的实验，舌感实验也有类似发现。约翰松和哈尔的团队在当地一家超市设立了一个摊位，要求人们在两种果酱之间做出选择。实验者可以通过一种特殊的果酱罐（上下两端各有不同的果酱）完成"偷天换日"：他们在递给消费者之前把果酱罐调换了，让他们在不知情的情况下拿到了没有选择的

思维是平的

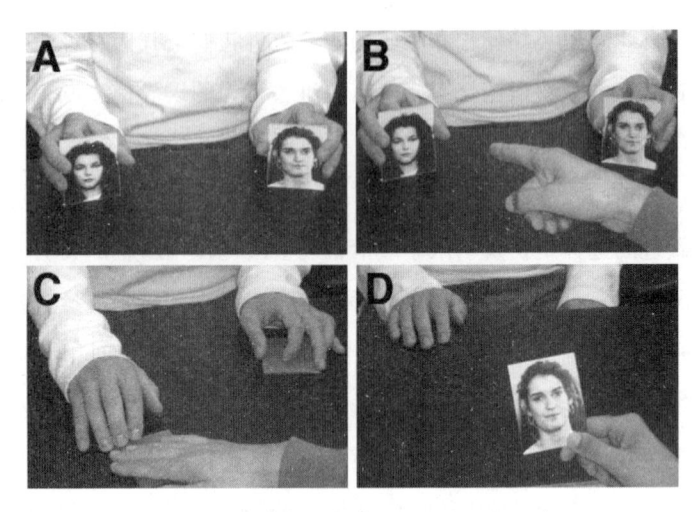

图26 有关人们喜好的一个奇妙戏法[4]

口味。不出所料，人们大多没有注意到异常。他们对这个"虚假"的选择自信满满，好像这是他们的"真实"选择一样。所以市场研究者要注意了：大部分消费者对自己的喜好知之甚少，即使对熟悉的果酱也是如此。

## 故事塑造了我们

左脑"解读者"可以通过杜撰故事来为我们的言行进行辩护，那么这是否说明它只能评判过去而无法塑造未来呢？事实上，它不仅可以描述过去，还有助于塑造将来。

还是以脸部为例。几年前，我和约翰松、哈尔团队进行了一项合作研究，想知道错误反馈是否会影响未来的选择。结果发现，

## 第一部分
**心理深度错觉**

如果我们曾被告知自己更喜欢 A 脸而非 B 脸（但其实并非如此），那么我们再做选择时就会选择 A 脸。也就是说，解读者会对虚假的选择做出解释（如耳环或卷发），而且这个解释还会影响到未来的决定。解读者之所以这么做，很有可能只是为了不自相矛盾，不然，改变想法后解释起来就麻烦得多。当然这难不倒"足智多谋"的解读者，它完全可以轻松杜撰出新的故事（如：我之前没注意到 B 脸这么友善；我当时走神了；我当时选错了），但是再怎么杜撰，还是不如坚持原来的选择省事。[5] 考虑到这些，我们被再次问到时就会更偏向于 A 脸。

那么有关政治的实验又如何呢？约翰松、哈尔团队当着参与者的面合计了左翼、右翼答案有效数，结束了这项欺骗性的政治问卷调查，然后询问他们将支持左翼观点还是右翼观点。他们的投票意图和几分钟之前实验刚开始时表达的观点相比有变化吗？结果令人吃惊：那些因收到错误反馈而转而支持左翼观点的选民（切记，这些选民不仅接受而且维护之前本不支持的左翼观点）之后更有可能表达支持左翼的投票意图。右翼观点支持者亦如此。这个有效性相当显著：几乎有一半的参与者都因收到错误反馈而改变了自己的阵营。可见浮动选民比民意测验专家意识到的要多得多。

但是这种临时变卦是否真的会影响他们的最终选择吗？这是存在疑问的，因为毕竟投票前的最终选择综合了我们对政治问题的无数次思考，一时的想法恐怕很难对我们造成如此巨大的影响。可是康奈尔大学在 2008 年美国总统大选预备阶段进行的一项研究显示：只要对投票稍加操纵，选民的想法就会被改变。[6]实验参与者参加了一项政治态度网络调查，其中有一半参与者的屏幕角落出现了一面美国国旗。过去有研究发现，国旗出现会暂时性地引发民族主义、安全担忧等情绪（这正与共和党的政治纲领相联系）。而这项研究也发现，人们看到国旗后政治态度会倾向右翼。这些发现本身十分有趣，也进一步说明：我们的意识流中活跃的是什么想法，就会构建出什么样的喜好。

人们可能会认为这种影响是短暂的，但令人震惊的是，康奈尔团队在投票结束之后进行了回访，发现那些看到国旗的参与者更有可能支持共和党。也就是说，在网络调查中短暂出现的美国国旗在整整8个月之后显著地改变了实际的投票行为！这个结果可信吗？毕竟，美国选民经常在建筑物、广告牌或旗杆上看到国旗，难道多看一眼就真的会让他们变成共和党的支持者吗？如果真的是这样，那么美国的政治之争就会变成国旗之争：共和党努力把星条旗展示给选民，而民主党则把星条旗藏起来。

在我看来，答案应该更有趣。平常见到国旗只会对选民的政治态度产生瞬间而有限的影响，而且这种影响很快就会被其他数不胜数的刺激淹没。但是如果你是在填写政治调查时见了国旗，那么这面国旗就会影响到你的回答——这正是研究者发现的。脑海中一旦留有记忆痕迹，就可能对行为产生长远的影响，因为你在将来衡量自己的政治观点时会想起自己曾经倾向右翼，这样就更有可能坚持同样的选择。正是为了让自己的行为可以理解，我

第一部分
**心理深度错觉**

们会参照过去的选择来思考和行动。

## 选择和放弃

假如我们非要坚持内心深处的稳定而现成的喜好（即使它们有一些"摇摆"），那有什么办法可以证明呢？这里有个万全之策：为了证明我更喜欢苹果而非橘子，可以多次提供给我苹果或橘子，看我选哪个的次数更多，选择更多的肯定是我更喜欢的水果。还可以补充一个测试以确保万无一失：还是提供给我苹果或橘子，然后要求我放弃一种水果（留下另一种），最后统计哪一种放弃的次数更少，放弃次数更少的肯定是我更喜欢的水果。两者的结果应该一致，因为如果开始选择苹果更多（表明我更喜欢苹果），之后放弃苹果也更多（表明我更喜欢橘子），就自相矛盾了。对同一物体既选择又拒绝，这不是让喜好成了笑话吗？

然而出人意料的是，心理学家埃尔德·沙菲尔和阿莫斯·特维斯基确实发现了这种悖论。他们要求人们在极端选项（具有非常好和非常坏的品质）和中性选项（所有的品质都介于好坏之间）之间做出选择。[7]例如，人们要在"极端父母"（好的一面：和孩子关系密切、社交生活极其丰富、收入水平高于平均水平；坏的一面：大部分时间出差在外、有许多不太严重的健康问题）和"典型父母"（和孩子关系比较融洽、社交生活比较稳定，收入、工时和健康都处于平均水平）之间确定抚养权归属。在沙菲尔和特维斯基的实验中，当被问及抚养权应该判归哪类父母时，人们大多选择了极端父母。但是在被问及哪类父母的抚养权应被否决时，人们也大都选择了极端父母！许多研究都发现了这类普遍模式：人们在确定选项时会更多地倾向"极端组合"而非"均数"，而在放弃选项时也是更多地倾向"极端组合"而非"均数"。同一类父母竟然既可以是最好的选项，又可以是最坏的选项，这着实让人大跌眼镜。

这到底是怎么回事呢？沙菲尔和特维斯基认为，我们在做选择时，根本不是在"表达"某种预存的喜好——他们甚至认为这种喜好根本不存在，而是即兴地确定了我们的喜好。即兴可以有多种形式，比如我们会被自己平常的行为或他人的行为影响（下文将会提到），但是有一项不得不提，那就是我们为了做出某个决定，会不由自主地收集有利于或不利于某个选项的理由。可是我们更关注的是有利的还是不利的呢？沙菲尔和特维斯基认为，这取决于问题是如何被表述的。如果我们被要求选择某个选项，那么我们大多会关注有利于某个选项的理由，而这些理由就会成为支持那个选项的正面理由。另一方面，如果我们被要求放弃某个选项，那么我们就会开始搜寻反面理由，以在多个选项之间筛选一个，这时极端选项仍然是最有力的反面理由（如大部分时间出差在外），从而导致它被放弃。

我的同事康斯坦丁诺斯·赛索斯、马里厄斯·厄舍和我决定在严格受控的环境中研究这一奇特现象。[8] 实验参与者要在多种赌博之间选择一个或几个参加。每次赌博都会产生一个对应奖金的数字，人们可以先看几次，然后再决定是否要参与这种赌博，这和

## 第一部分
**心理深度错觉**

你在决定是否要玩老虎机之前会先看一会儿别人是怎么玩的是一样的道理。每次试验人们都会从屏幕上看到2~3种同时进行的赌博游戏，也就是会看到在不同位置产生的数字"流"。他们面临的问题就是应该选择哪种赌博或哪个数字流。

人们在矩形框中看到了代表赌博结果的数字序列，可能是相对宽幅的（图27上侧的黑色钟形曲线），也可能是窄幅的（灰色钟形曲线），但两者的平均收益是一样的。那么人们更喜欢哪种赌博呢？当让人们在宽幅赌博和窄幅赌博中选择一个时，他们往往最关注的是选择某一项的正面理由，即"大赢"的可能。如果是这样的话，那么他们可能更喜欢宽幅赌博——这在经济学中被称为"风险追求"行为（图27的左上角）。如果让人们在宽幅赌博和窄幅赌博中排除一个，那么他们有可能会关注排除某项的反面理由，即关注重大损失。而宽幅赌博可能会造成许多巨大的损失，因此他们就会放弃它——这被称为"风险规避"行为。事实上，这正是人们的真实表现（图27下排）。实验对象被展示了三个曾多次观察过的赌博（一个宽幅的，两个窄幅的），先让他们从中排除一个（见左下角），再让他们从剩余的两个赌博中选择一个。不出所料，他们在第一阶段更有可能放弃宽幅赌博，而在第二阶段又更可能选择宽幅赌博（因为它在开始被放弃了，所以这是我们新添进去的）。人们一会儿讨厌风险，一会儿又拥抱风险。如果我们在抉择时要请教内在祭司，那么这个结果是说不通的。但如果我们是在即兴地拼凑理由，那么这就完全讲得通了。

思维是平的

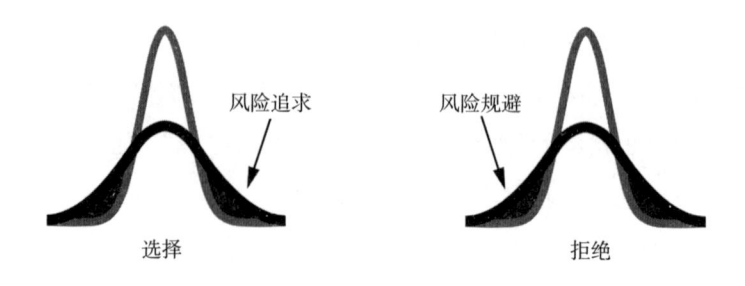

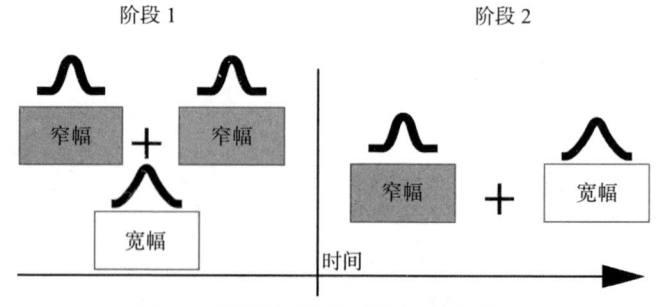

风险追求　　　　　风险规避

选择　　　　　　　拒绝

阶段1　　　　　　　阶段2

窄幅 + 窄幅
　宽幅
　　　　　　　　　窄幅 + 宽幅
　　　　　　　时间

**图27　冒险选项既被选择又被放弃**

在第1阶段，人们排除了那个结果呈宽幅分布的赌博。可在不久之后的第2阶段，人们又选择了那个结果呈宽幅分布的赌博。[9]

同时选择和拒绝一件事情看起来很怪，但它绝不是孤例。事实上，许多研究领域（包括判断和决策、行为经济学以及社会认知的大部分领域）都发现了这种前后不一的大量案例。[10]只要用不同的方式提出问题、试探态度或呈现选项，人们无一例外地会为同一件事情提供不同的答案。以人们对待风险的态度为例，当要求他们在赌博之中选择一项时，他们是追求风险的。当要求他们在赌博之中排除一项时，他们是规避风险的。如果让他们基于描

-114-

## 第一部分
**心理深度错觉**

述做出选择（如"你百分之百能拿到 50 英镑，但只有 50% 的可能拿到 100 英镑"），他们大多会规避风险。如果描述时只提损失不提收益，那么人们大多会变得追求风险。再比如缩小赌博"规模"让大赢（或大输）的概率变得很小时，事情又会反过来：人们会为了概率很小的大赢去追求风险（因此愿意购买彩票），并为了概率很小的大输规避风险（因此会购买保险。）

还有更糟的情况！同样的金融风险只因不同的描述方式（强调损失、收益、投资、赌博等等），就会使人做出截然不同的选择。[11] 当我们在比较人们对待金钱、健康和危险运动的风险的态度时，发现它们之间的关联很微弱。[12] 大致而言，同样的问题，只要变个花样，人们就会给出全然不同的答案，大脑每次都会讲出一个新的"故事"。甚至只要在人们讲故事的时候稍加刺激，就能立刻改变故事情节。[13]

如果这些变异是由误测造成的，那么我们只要多测量几次并进行三角比对，最终就肯定能产生一个前后一致的答案。但我们发现故事中的变异具有系统性，再怎么测量也无法得出连贯的答案。所以问题并不在于测量难度或误差，而是根本没有什么风险偏好可供测量。也就是说，我们"心底"并没有关于如何平衡风险及报酬的现成答案。了解了这一点你就会发现，人们在权衡现在与未来、决定是否关心某个人选择一个关心对象，或表达对性别、种族的偏见时，都是即兴发挥的。

如果意识到心理深度是个错觉，那么以上结果就一点儿也不意外了。像信念、欲望、动机和风险态度这类潜藏在内心深处的现成概念，都是人们虚构出来的。我们之所以要即兴创造这些东西，是为了应付当前的挑战，而不是为了表达内在的自我。由此来看，问题不在于怎样提问（如"你想要哪一个？""你不想要哪一个？"）才能揭示人们的真正喜好，这种纠结根本没有什么意义。可以有无数种提问的方式，也可以有无数种回答的方式。如果思维是平的，不论你用什么方法（如市场调查、催眠、心理治疗或大脑扫描）都无法解决这个问题。原因不在于心理动机、欲望和喜好是否深不可测，而在于它们根本就不存在。

第二部分

即兴思维

# 7
# 思维循环

人类大脑是一束只需 20 瓦能量的粗短纤维,却已是目前已知宇宙中最强大的计算机。确实,我们的大脑健忘、容易犯错,对任何事情的注意力超过几分钟都很难,而且也不擅长初等算术,就更不用说逻辑推理和数学运算了,我们的阅读速度、说话速度和推理速度都非常慢。但是我们的大脑也有一些特别惊人的能力:它可以解读这个超级复杂的感觉世界,可以掌握各种各样的技巧窍门,还可以与这个复杂至极的物理世界和社会环境进行交流,甚至操纵它们。大脑在这些事情上驾轻就熟,远超人工智能的所有发明。人类大脑有超强的计算能力,但它绝非那种常见的计算机。

像个人电脑、笔记本电脑和平板电脑这些数字计算机,运算步骤其实都很简单,只是速度非常快,可以达到每秒数十亿次。相较而言,人类大脑就慢多了。大脑的基本计算单位是神经元,运算时借助错综复杂的电化网络互传电子脉冲——俗称"放电"。

其速度最快能达到大约每秒 1 000 脉冲，但是这些神经元即使被直接拿来处理手头的任务，最快也只能达到每秒 5~50 次，[1] 相对硅晶片来说是相当悠闲了。可以说，个人电脑处理器数量虽少（一个或最多几个处理芯片），但以速度取胜。而人类大脑速度虽慢，但以处理器数量取胜（大约一千亿个神经元构成了大约一百万亿个联结）。

看来人类大脑不同于计算机，制胜法宝不在于"快"，而在于"合作"：高度联结、速度缓慢的神经处理单位通过紧密的合作产生了遍及整个网络或很有可能是整个大脑区域的神经活动协调模式。[2]

但是我们很难理解数量如此之多的神经元是如何协调超过一件事情而没有发生严重混淆和干扰的。当神经元放电时，它会发送电子脉冲给其他所有连接的神经元（一般能达到 1 000 个）。如果它们是在解决同一件事情，只是集中于不同的方面（比如关注脸部、单词、图案或物体等的局部），那么这个机制将有助于神经元合作，因为它们可以通过把局部（如脸部的组成部分、组成单词的各个字母）联系起来、交叉比对和修改确认来逐渐构造出一个统一整体。但是如果它们是在解决几件不同的事情，那么互相传送的信号之间就会产生误解，从而导致任何任务都无法圆满完成，因为神经元无法判断自己接收的信号之间是否相关。

所以这里有一个一般原则。如果大脑是通过缓慢神经元个体组成的巨大网络合作计算来解决问题，那么任何一个具体的神经网络一次只能集中于一个问题的一个方案上。这样大脑就近乎一

第二部分
**即兴思维**

个高度联结的巨大网络了（虽然各个区域之间的联结密度并不均匀）。我们可以预计，大脑中的神经元网络一次只能就一个问题展开合作。

第一部分提到，知觉和思维具有缓慢和步步为营的性质：一次只能处理一个单词、一张脸甚至一种颜色。现在我们可以给出一个初步解释了：关注未知信息，就等于给大脑出难题。难题的类型可谓五花八门：在黑白图形构成的图案中寻找"意义"、在语音流中确定人们想表达什么、想象一个靠单"角"支撑的立方框、回忆上次去电影院的情形，等等。我们可以把这视为给部分神经元指定了具体的值。思维流中的每一步都涉及合作计算，目的是为我们掌握的信息找到最有意义的结构，进而找到最契合"问题"的答案。每一步都可能花费数个 1/100 秒，但是借助遍及数十亿神经元网络的知识和处理能力，可以取得的计算能力将非常巨大。

可见大脑的计算能力既十分有限，又十分强大。思维循环一次只能走一步，一次只能解决一个问题，但是借助于错综联结的大量神经元之间的合作（每一次只能为手头问题的解决献上绵薄之力），每一步都具有回答超难问题的潜力，例如解码面部表情、预测复杂的物理情境和社会情境下一步会发生什么、快速理解口头或书面语言，或规划和启动一连串复杂的动作，进而打出一记速度超过 100 英里[①]/小时[3] 的过网发球。这些行为包括了数百万乃

---

[①] 1 英里 ≈1.61 千米。——编者注

至数十亿个微小步骤，并以令人难以置信的速度有条不紊地完成，以至传统计算机根本无法成功模拟。但是大脑采取的策略不同：缓慢的神经单位先把问题拆成大量的细小碎片，然后通过密集联结的巨大网络同步对比分析各种可能的方案。

重要的是，既然大脑的合作计算涉及大量神经元网络，那么这些网络一次就只能走一大步（当然是协调的一大步），而不是像传统计算机那样必须切割为大量无限小的信息处理步骤——我把这个以每秒几个"拍子"的脉冲不规则运行的一大步称为"思维循环"。[4]

由此可见，把大脑类比为传统计算机非常具有误导性。当我们在个人电脑上编辑文档或观看电影时，它会在后台搜索大素数、下载音乐，可能因巨量运算或多任务处理而吱吱作响。有人据此认为，当我们把意识放在准备早餐或阅读小说上时，背后还有各种不为人知的思维在悄悄运行。但是大脑不像传统计算机那样同时占用一个超快的中央处理器，而是通过大部分或所有的神经元合作计算来工作，这导致它一次只能锁定和解决一个问题。

如果每个神经网络一次只能解决一个问题，那么我们就只能一次思考一步棋，一次阅读一个词，一次识别一张脸或一次听到一个人说的话。可见大脑采用的合作计算给我们施加了严格限制——我们可以在几十年的严谨心理实验中清楚地看到这些限制。

如果一个大脑网络一次只能承担一个任务，那么关键问题就变成了：大脑可以被自然地划分为多少独立网络且每个网络各有

## 第二部分
## 即兴思维

自己的任务？这种划分是固定不变的还是可以根据所要应对的挑战自行重组为不同的网络？毋庸置疑的是，不管大脑是如何划分成多个相互合作的神经细胞网络的（我们之后会简单涉及它有多灵活的问题），每个合作式神经元网络都只能一次解决一个问题。

此外，通过监测人们完成具体任务时的大脑活动流和追踪大脑"电路图"对大脑通路进行分析，发现大脑网络之间呈高度联结状态。这表示：对大脑来说，多任务处理只能是例外，不是常态。

不管什么事物或任务占用了我们的有意识注意力，一般都会占用大部分的大脑。[5]如果有两个任务或问题试图同时占用我们的有意识注意力，就会造成严重的互相干扰，因为大脑的合作计算方式不允许一个大脑网络同时承担两项任务。这不仅意味着我们只能有意识地一次处理一个问题，还意味着在思考某个问题时不能无意识地思考其他问题，否则我们的大脑网络就会撞车。换句话说，不但我们有意识注意力的任务和问题占用了大部分的神经机制，而且神经机制的每一部分一次只能解决一件事情。尤为重要的是，当我们有意识地关注某个具体任务时，不可能有什么无意识思维在解决其他任务——比如棘手的智力或创新难题，因为如此复杂的无意识思维所需的大脑回路被当前的有意识大脑处理过程"阻断"了。我们在后文会继续讨论"没有后台处理"的深远影响，它不仅让我们重新反思有关"无意识思维"和"潜藏动机"的直觉，并且否定了人类行为是多个自我（如弗洛伊德的本我、自我和超我）互相斗争的产物的观点。

大脑无非就是一批高度联结的合作网络，但是它们的结构非常具有启迪作用，因为其中有一个相对狭窄的神经瓶颈，信息会从中流过。这个瓶颈让我们无法一次做多件事情，但也让我们对意识体验的本质有了更多的了解。我们马上就会谈到这一点。

## 刺激有意识的大脑

杰出的神经外科医生怀尔德·彭菲尔德开创了在病人完全清醒的状态下对大脑展开调查和手术的先例。[6] 对病人而言，只需要通过局部麻醉对付一下开颅的疼痛就够了。大脑可以检测到全身上下的各种疼痛（如戳刺、擦伤、扭伤、过热或过冷等），唯独检测不到对自身的伤害，所以这种手术是完全无痛的。

彭菲尔德试图用隔离或移除导致癫痫发作的大脑区域的手段来达到减轻严重癫痫症状的目的。癫痫发作时，大部分区域的细胞会停止合作（去进行任何复杂的合作计算），转而解决临时问题。它们开始缓慢地同步波动"放电"，进而互相裹挟，最终丧失全部正常的信息处理功能。我们可以这样设想：在一座繁忙的城市里，忽然间，人们都放下了手头各种各样但息息相关的任务（如购物、销售、聊天、建筑、生产），无可奈何地加入了一个唯一、连续且协调的人浪——人浪传到哪里，哪里就陷入停顿。在严重的癫痫病症发作的过程中，整个或大部分大脑皮层都会被波及，进而完全失灵，直到莫名其妙地重启，严重者一天会遭受好几次这样的折磨。癫痫一般始发于大脑皮层的某个区域，就好像

第二部分
即兴思维

在上述人浪的类比中，某个区域的居民有发动人浪的嗜好一样。接着，邻近居民加入，进而势不可当地传遍整个城市。彭菲尔德的逻辑是，如果能把这个捣乱区域从城市之中隔离，那么人浪就无法传播了，人们也就可以继续过正常的生活了。他在实践中发现，要达到有效治疗的效果，必须采取极端手段，即必须把大脑皮层的大部分区域都移除，而不是在关键区域割几刀（见图28）。这等于是把城市的大部分夷平，而不是只关闭几座桥和主干道。

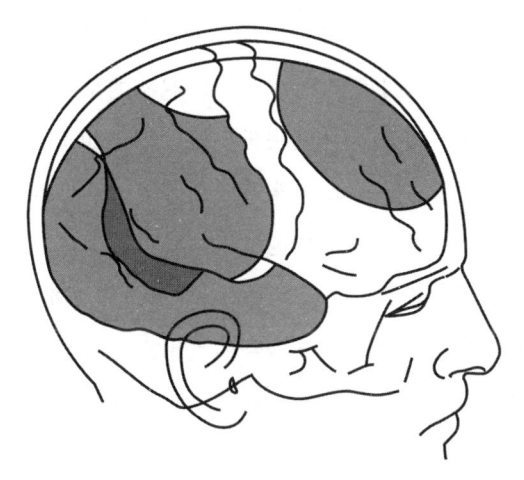

图28　彭菲尔德的三个癫痫患者被移除的大脑皮层区域被我们放在了一张图里。为了让读者看得更清楚，我们把大脑前面被移除的区域放在了右手一侧，但实际上它是在与其具有镜像关系的左手一侧[7]

只实行局部麻醉便把大脑的一部分切掉，还有比这个更恐怖的事情吗？但是事实证明这种做法非常有效，因为只有病人保持清醒，才可能在其大脑皮层不同部分接受电刺激之后为相应区域提供大量信息。而且因为有些大脑皮层区域非常关键，这样彭菲尔德就可以在保证不会无意造成病人瘫痪或丧失语言的前提下尽可能地开展手术。这个手术的神奇之处就在于：在大脑大部分区域被切除的过程中，医生可以一直和患者保持交流。患者不仅一直有意识，交流起来也很流畅，完全没有表现出意识体验被破坏的迹象，他们自己也说没有任何异常。

有人可能就此得出结论，说这些大脑皮层区域可能与有意识思维无关，但是许多事实可以证伪这个结论。例如第 3 章提到的视觉忽略症患者，他们常常意识不到被忽略的那一半视野，而意识缺席区域正对应于被损坏的视觉皮层。再比如人们在局部中风之后，处理颜色识别、运动、味道识别等生理活动的大脑皮层区域会遭到损坏，进而影响他们的意识体验，如无法正常感知到颜色，看到的世界忽动忽停，或者失去味觉等。这些事实似乎表明，我们的大脑皮层处理机制与体验到的意识现象直接匹配。彭菲尔德自己也通过电刺激皮层表面不同部分收集到了皮层与意识密切相关的新的直接证据：这种刺激一般都能侵入意识体验，并导致患者表现出异乎寻常的反应，比如根据区域的不同和刺激的不同，患者常常会报告说有视觉体验、声音或梦境片段，甚至还闪现出了整段回忆（其中最为有名的是一个患者在接受特定电刺激后说："我闻到了面包烤焦的味道！"）。

但为什么刺激某片大脑区域会导致意识现象，而移除同样的区域却似乎不会影响到意识体验呢？在彭菲尔德看来，这是因为

## 第二部分
**即兴思维**

意识并不在大脑皮层表面,而是在皮层投射的大脑深处——具体而言,是在皮层底下大脑核心处的古老"皮层下"。

我们来看看大脑解剖给出的初步线索。皮层下结构(比如丘脑)有丰富的神经投射,呈扇形进入外围皮层,这种联结允许信息双向传递。有趣的是,大部分来自感觉的信息投射在进入皮层之前都会路过丘脑。而来自皮层的信息在驱动我们的行为之前也要经过深处皮层下的结构。由此可见,所谓大脑"深处"(一种不严谨的叫法)其实是感觉世界和皮层之间,以及皮层与行为世界之间的中继站。很有可能,重要的注意力瓶颈就在深处大脑结构里,凡是经过这个瓶颈的意识都会被体验到。

彭菲尔德的观点最近被瑞典神经科学家比约恩·默克细化和扩展。[8] 他进一步得到的许多观察都契合彭菲尔德的假设,即意识体验需要各种皮层区域与大脑深处的狭窄处理瓶颈相连接。如果意识体验确由深处皮层下的大脑结构控制,那么——举例而言,这些结构应该可以控制意识的有无,就像控制清醒和睡眠的开关一样。事实上,这种开关好像确实存在。至少对动物而言,对其大脑深处结构的某个局部部位(特别是网状结构)进行电刺激之后,整个皮层的活跃状态会突然降低——动物陷入了休眠状态。[9] 此外,如果把这个区域移除,那么动物将陷入昏迷——好像再也无法醒来。但是把大部分皮层移除之后,动物和人类的清醒状态却不会受到影响。

那么大脑深处的突发故障会不会造成开关瞬间失灵呢?也就是说,意识突然停工,仅持续几秒钟或几分钟。沿着彭菲尔德的思路，默克指出所谓"癫痫小发作"或失神性癫痫的症状好像确实是这样的。癫痫小发作指的是，某人在日常行为中突然双目呆滞，对周围环境没有反应。如果患者正在走路，那么她会突然放慢速度、身体僵硬，同时仍然保持直立。如果患者正在说话，那么言谈还会持续一会儿，但通常速度会慢下来，直到完全停止。如果他正在吃饭，那么夹起来的食物会停滞在盘子和嘴中间。当患者处于"失神"状态时，人们很难把他们叫醒，只有在偶然情况下才会让他们突然"醒来"。通常来说，意识都是几秒钟之内自然恢复的，患者一般都不知道他们刚经历了一次癫痫发作——意识体验从中断的地方继续，看起来十分古怪，就好像他们的时间突然凝固了一会儿。尤为奇特的是，患者在"失神"状态下没有留下任何记忆痕迹。

"失神"时的皮层脑电活动记录表现出典型的短波模式，但是这种模式从发作伊始就同时分布于整个皮层表面，而不是像许多其他癫痫发作形式一样，从一个区域传播到另一个区域。这就好像人浪在整个城市同时发起，而不是由一个区域波及另一个区域——这意味着存在某种外在的交流信号（如某种电台广播）在同时指挥着人群一起行动。彭菲尔德认为，通过丰富的扇形神经与外围皮层表面相联结的深处皮层下的大脑结构正扮演了这个角色。

这方面的更多证据来自彭菲尔德在进行神经外科手术时通过电刺激获得的结果。这些患者忍受着最严重和最频繁的癫痫发作——否则他们也不会接受这种极端的手术，所以他们的大脑很

## 第二部分
**即兴思维**

容易被诱发为癫痫状态。但是彭菲尔德说，有一类癫痫形式，不管刺激皮层的哪个区域，都无法诱发出癫痫状态，这就是"失神"或癫痫小发作。电刺激皮层本身无法诱发皮层系统直接而突然的全面停工，正是因为控制意识的"开关"不在皮层表面，而在大脑深处。

当我们想到大脑及其蕴含的无穷智慧时，我们一般都会想到这样一幅画面：像核桃一样紧紧重叠在一起的大脑皮层静静地躺在头颅之内。确实，对人类来说大脑皮层非常关键。像老鼠这样的哺乳动物，其大脑皮层相对其他区域就显得不是很大，而像黑猩猩或大猩猩这样的灵长目动物的大脑皮层才开始在大脑中占有统治优势，人类的大脑皮层则占有更大的脑部空间。但是皮层输入和输出信息的过程都要经过更深处的皮层下大脑结构，可能正是这些皮层下结构才决定了意识"流"的内容（不管我们有没有意识到）。

想要知道它是如何起作用的，知觉与动作之间的连接或许能给我们一些启发。试想我们正在从树上摘苹果：大脑首先需要关注要摘的那颗苹果，看它是不是已经熟透但又没有腐烂——当然可能需要透过枝叶才能看到。然后需要规划好一系列动作，以达到最后成功抓到苹果、并把它从树枝上拧下来的目的。当然，我们也可以建议其他人把苹果摘下来，甚至只在心理描述一番就够了。不管是哪种情况，关键在于连接：即需要我们把动作和有关这个特定苹果的视觉输入连接起来，还需要把视觉输入的不同部分（也可能是透过枝叶能看到的苹果的不同部分）整合成整体。当我们伸手去摸苹果的时候，有关手臂位置的信息、穿过枝叶摸到苹果表面的信息，都必须与我们的视觉输入连接起来（因为只有这样我们才能知道伸手抓到的苹果正是我们看到的那个）。所有这些信息又必须与我们的记忆连接起来，如不久之前摘苹果的决定（可能当时我们只想要熟透了的苹果）和过去我们已经学会了的识别苹果、树叶和树枝的视觉体验等，而我们又可能因此记起童年因摘苹果发生的事故，有关苹果的农业或生物知识，等等。伸手抓苹果的动作本身也非常复杂，不仅需要手臂和手之间互相配合，还可能涉及伸手、踮脚（如有必要），以及为了保持平衡而做出的修正姿势等等。

我们通常一次只能做一个动作，但每个动作都需要把来自感觉、记忆和运动系统的大量信息整合起来，而整合的舞台可能正位于大脑深处的一个或多个结构：它刺探着周围皮层的不同区域，全身心地进行感觉信息、记忆或动作控制的处理，然后指挥它们应对同一个问题。正因如此，动作的顺序才会反映到思维的顺序流中。

尽管意识体验流经的瓶颈是大脑深处的结构而非皮层，但皮层的激活（如通过电极来刺激）应该可以侵入意识体验，也就是说：皮层和大脑深处的区域的联结是双向的。皮层特定区域的突发活动会造成信号侵入大脑深处的区域，扰乱甚至覆盖当前的活动，从而产生奇怪的感觉体验或记忆碎片。但重要的是，如果皮

## 第二部分
**即兴思维**

  层的某片区域完全消失了，人们丝毫不会察觉，意识体验不会有一丝扰动——除非这片区域恰好在参与某项心理活动。这正是彭菲尔德观察到的结果：当电刺激患者的某一片皮层时，他们说体验到了奇怪的意识碎片，如闻到面包被烤焦的味道，但当把大脑的一整片区域移除时，他们说没有体验到任何异常。

  该视角也解释了为什么视觉忽略症患者（他们对应于大片视觉区域的皮层可能受损或完全失灵）对缺失部分一无所知：因为我们很有可能只能意识到正在专注的某个特定任务。这样，当视觉忽略症患者摘苹果的时候，只会把注意力放在完好无损的那部分视觉皮层的视觉信息上，并在大脑深处结构的协调下连接到记忆和动作系统——这和视觉正常的人没什么区别，他们深处大脑区域的意识体验可能完全正常。而对那些其视觉位置投射到视觉皮层"盲区"的苹果，他们是无法摘取或描述的，这导致的结果是：他们感受到的视觉现象虽然一直正常，但只限于视野的一侧。

  我们的大脑无时无刻不在努力地理解遇到的信息。意识乃至整个思维活动很有可能是排着队一步一步地通过狭窄瓶颈的，也就是说，深处的皮层下结构只能逐一地寻找和协调感知输入、记忆和运动输出中的模式。大脑的任务就是把不同的信息碎片连接起来整合为一体，并立即在其基础上开始工作，不停地循环。在这个过程中，大脑会把新鲜的记忆巩固下来，同时也会调取过去处理过的丰富记忆。

  这样，无背景处理观点得到了巩固，或者至少可以说，神经科学还未发现后台处理存在的踪迹。大脑似乎只能通过意识思维的狭窄瓶颈专注于理解直接体验并产生行为序列，其中就包括语言（不管是口头的还是心理的）。这就是为什么它一次只能通过整合和改造解决一个问题。

行文至此，我们对大脑合作计算如何运作就有了一些初步答案了。在彭菲尔德和默克版本的大脑中，大脑面临的问题和提供的答案都在皮层下结构（包括丘脑）处呈现，它就像大脑皮层和感觉、运动系统之间的中继站——更确切地说，就像大脑半球和外部世界之间的大门。我们的猜测是：问题和答案都主要与感觉和运动组织有关。皮层下结构和皮层之间的丰富联结提供了一个合作计算网络以解决皮层下结构提出的问题。但是，尽管皮层在处理视觉信息、规划动作和调取记忆上尤为关键，但我们能够意识到，只有在这种计算的结果到达大脑皮层下的"大门"时，大脑皮层才会产生遍及整个大脑的大型合作工程的结果——这些类似于"大门"的结构而非皮层本身才是意识体验的根据地。

## 思维循环的四个原则

下面我们通过一幅图片（图 29）和四个原则来勾勒大脑的运作过程。第一个原则是：注意是一个解读过程。每时每刻，大脑都在"锁定"（日常说法就是"注意"）一组目标信息，如感知体验的某些方面、语言片段或一段记忆，对它们进行梳理和解读。[10]如图 29 所示，大脑可能暂时锁定那个复杂刺激中的 H，也可能锁

## 第二部分
### 即兴思维

定 B。但是无论如何，大脑都只能一次锁定一个目标。这意味着人们在解读时，H 和 B 共享的那条竖线，要么属于 H，要么属于 B，但不可能被两者同时拥有。根据彭菲尔德和默克的设想，该信息在与大脑皮层联结的大脑深处皮层下结构呈现。这样，为了在当前的目标中找到意义，所有过去的体验和知识都可以被调取出来。需要注意的是，各种各样的信息都可以被我们锁定和整合。为了在世界中寻找意义，我们不惜使用任何信息，不惜动用我们的超凡创造力和想象力，但无论如何，我们一次都只能创造一个模式。

第二个原则关乎意识的本质：我们的意识体验乃是对感觉信息的解读。大脑对感觉输入做出"解读"，其结果就是意识。这意味着我们只能意识到对世界的解读，无法意识到解读建构的"原材料"和建构过程本身。（意识体验是体现于大脑深处结构的组织，其输入信息来自整个皮层——但我们无法直接意识到皮层活动本身。）表现在图 29，就是我们可以感知到 H 或 B，但绝对无法意识到它们的建构过程。

知觉就是这样工作的：光线落入视网膜，激活感光细胞，其放电模式导致我们"看见"不同物体、许多人和一张张脸。声音进入内耳，激活震动检测细胞，其复杂的放电模式导致我们"听见"语音、乐器和交通噪声。但是光靠自省，我们很难知道这种有意义的解读来自哪里——即大脑如何将思维从神经系统嗡嗡作响的环境跳跃到一个井井有条的世界。我们只能"体验"到井井有条的世界，也就是说：我们只能体验到结果，体验不到过程。[11]

思维是平的

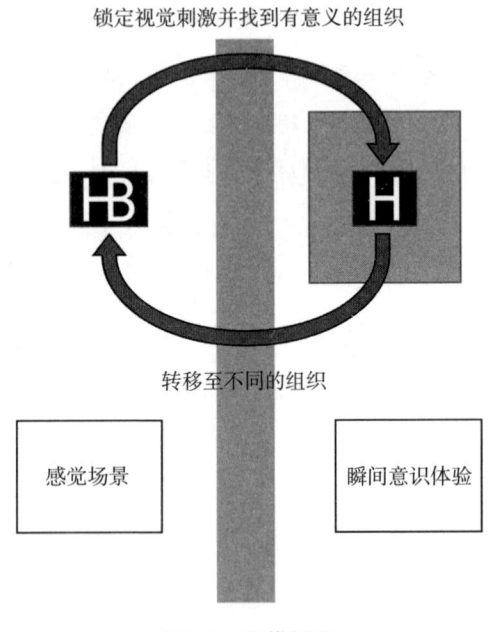

**图29 思维循环**

上侧箭头：大脑锁定视觉刺激碎片并找到有意义的组织；我们意识到其中的组织并做出描述。下侧箭头：大脑和眼睛一直在尝试挣脱当前组织并锁定图片的其他部分。这个循环非常迅速和流畅，以至于我们有一种意识到了复杂物体乃至丰富多彩的整个场景的感觉。但事实上，我们的意识流是一个连续的感觉组织过程——意识被完全困在了灰色的盒子里。我们无法意识到感觉接触的信息（即左侧图片），无法意识到那个信息是如何被解读的（弯曲箭头），也无法意识到我们的大脑是如何运转而锁定其他信息的，比如我们是如何转移注意力的（不管有没有移动我们的眼睛）。

到目前为止，我们关注的都是感觉信息中的意义的意识，这涉及第三个原则：所有的意识思维都是对感觉信息有意义的解读，除了感觉信息，我们意识不到其他东西。但是，尽管我们意识不

## 第二部分
**即兴思维**

到非感觉信息,却可能意识到它们的感觉"结果"(我无法意识到抽象数字 5,但我可以想象一个感觉表征,如 5 个点或"5"这个符号)。大脑深处区域作为中继站会给皮层传送感觉信息,所以如果这里是意识体验的所在,那么我们将只能意识到感觉体验。

上述观点好像将感觉信息限制在了感觉体验中,但事实并非如此,因为感觉信息并不一定非得由感觉来收集,也可由梦境或主动的想象来创造。此外,许多感觉信息并非来自外部,而是来自我们体内,如痛感、快感、辛苦或无聊。我们可以意识到用来编码抽象观念的词语形式(如语音或文字)或相关图像,但我们无法意识到抽象观念本身(不管其意义是什么)。我可以(大致)想象出三个苹果或"3""iii""三"的符号,也可以想象出各种各样的三角形或单词"三角形",但是我无论如何都想象不出或意识不到抽象的数字"3"或"三角形"的抽象数学概念。我可以听到自己说"三角形有三条边"或"三角形的内角之和等于 180 度",但是我对这些抽象真理并没有更多的意识体验。

同样,如前所述,我们无法意识到任何信念、欲望、希望或恐惧。我可以对自己说"我非常怕水",或者想象自己在惊涛骇浪中绝望挣扎的情境,但是我意识到的只是词语或画面而非"抽象"的信念。如果你怀疑我的观点,那么你可以思考一下:你现在可以意识到哪些信念?具体有几个?当旧的信念逃离意识或新的信念进入脑海时,你是否能察觉到?我对此抱怀疑态度。

现在可以把三个原则综合到一起,进入第四个原则了。我曾

思维是平的

指出，单个意识思维是从感觉输入中创造有意义组织的过程。那么又该如何理解意识流呢？意识流无非就是思维的连续、体验的不规则循环，是对感觉输入的不同部分进行依序梳理的结果，表现为图29中右侧盒子里的变换内容。这正契合彭菲尔德和默克版本的大脑：深处皮层下的结构创造了一个"熔炉"，在这里可以利用整个皮层的资源集中为感觉信息碎片赋予意义——不过这个熔炉一次只能容纳一种模式。

尤其需要注意的是：思维循环是依序进行的，我们一次只能锁定一套信息并为之赋予意义。我们的大脑当然可以在思维循环之外控制呼吸、心跳和平衡——至少在某种程度上可以（我们不会在解决某个问题时被绊倒），但是我们很快会看到，脱离思维顺序的大脑活动特别有限。所以大体而言，我们一次只能处理一种思维。

从这个视角来看，第一部分的许多奇怪现象就都能得到解释了：

- 大脑一直在不断地把感觉信息碎片拼凑在一起（而且得益于快速转动的眼睛，它可以随时收集更多的信息）。我们一次只能处理一个碎片（见第2章），但通过连续不断地拼凑，我们"创造"了视觉世界的整体感知。需要注意的是，我们的意识体验只是这个奇妙过程的输出结果。我们只能稍微洞察或根本无法洞察相关的感觉输入信息及其组合过程。

## 第二部分
## 即兴思维

- 一旦我们对视觉场景（或记忆）中的一些细节有所怀疑，大脑就会立即锁定相关信息并为之赋予意义。正因为创造意义的过程特别流畅，我们才会误以为自己只是在读取随时可以获取的预存信息。这就好像，当我们滑动 Word 文档或玩虚拟现实游戏时，会有一种整个文件或迷宫全部提前保存在某处（"屏幕之外"的某个地方）的错觉。但事实上，它们是在我们需要时（当我滑动屏幕或沿着虚拟过道向前快"跑"时）由电脑软件临时创造出来的。全局错觉正是利用了这种错觉（见第 3 章）。

- 在感知时，我们可以专注于感觉信息碎片，赋予其可能相当抽象的意义，如身份、态度、面部表情和他人意图。但是这个过程也可以倒过来，我们可以专注于抽象意义，然后创造一个对应的感觉图像。这便是心理想象的基础。正因如此，我们既可以一眼识别出老虎，又可以想象出一只老虎——但正如第 4 章所述，这种想象出来的感觉图像非常粗略。

- 感受也可以成为我们的注意对象。正如第 5 章所述，情感是对身体状态的解读。这样，情感体验既需要关注相关外部世界，又需要注意自己的身体状态，也就是说，大脑最后的解读要同时照顾身体和环境。以"嫉妒"为例：雷斯垂德探长听到夏洛克·福尔摩斯讲述他的破案过程时，感觉到了来自身体的消极线索（他的身体后撤、双肩下垂、嘴巴下撇、眼望地板等）。旁观者华生注意到了雷斯垂德的表现和福尔摩斯的言辞，为它们赋予了意义："雷斯垂德嫉妒福尔摩斯的才华。"雷斯垂德也是如此解读自己情感的，即必须同时注意到自己的生理状态和福尔摩斯的言辞，才能做出自己嫉妒福尔摩斯才华的解读。但是也有可能，雷斯垂德不是在嫉妒福尔摩斯，而是在努力（虽然不太可能成功）寻找福尔摩斯讲述中的漏洞。如果确实如此，那么虽然华生把雷斯垂德的行为解读成了嫉妒，但雷斯垂德可能根本就没有体验到嫉妒（不管是针对福尔摩斯还是针对什么），因为嫉妒的情感体验是解读的结果，或者说嫉妒的想法是创造出来的"意义"，而雷斯垂德的心思却在其他事情上，尤其是案件的细节上。

- 最后来看一下选择（第6章）。裂脑患者的左脑对左手动作（由右脑控制）做出了流畅但错误的"解释"，这其实是负责语言的左脑在尝试为左手动作赋予意义，因为要想创造有意义的解释（当然对裂脑患者来说这种意义是假象），必须锁定左手动作并理解它。可是左脑无法解读潜藏于右脑（左手的实际控制者）的内部动机，因为裂脑患者的左右脑是完全没有联系的。但即使左右脑有联系，左脑也无法触及右脑的内在运转过程，因为大脑只能触及知觉输入的意义（包括对自己身体状态的感知），无法触及其自身的任何内在运转过程。

简而言之，我们的思维引擎就像即兴演员一样，一直在感觉

## 第二部分
**即兴思维**

输入中按部就班地创造意义。而且这些意义是我们唯一能意识到的,然而其创造过程我们是意识不到的。可是由于创造意义的过程特别流畅,我们误以为任何"问题"的"答案"都提前写在了脑子里。但事实上,我们是在决定说话、选择和行动时逐一临时编造了自己的想法。

# 8
# 狭窄的意识通道

如果思维是循环的,那么我们一次只能想一件事情,更具体点儿说,我们一次只能专注于一组信息并为之赋予意义。可是有一句俗语叫"一心多用",比方说,我们可以一边走路一边嚼口香糖,甚至还可以在做这些事情的同时偷听别人谈话。那我们又该如何理解这一现象呢?其实当大脑锁定谈话时,它已经无法顾及走路和嚼口香糖了,这些行为和呼吸或心跳一样,变得无须思索。这是一些无须解读的行为(即为了理解心理"聚焦"信息而充满想象力地调用我们所知道的一切),而且这类机械式行为非常有限,表现也不太好(当然也偶有例外,下文会提及)。

可是如果思维一次只能锁定一组信息,那是否意味着我们会忽略掉那些我们没有注意的事情呢?不一定。首先,像嚼口香糖和走路这样的机械过程不会中断,只是还需要处理一些感觉信息。比如为了不摔跟头,需要前面的地形、身体姿势、四肢位置和肌肉活动等信息。为了防止咬到舌头,需要口腔内部的信息。其次,即使是针对暂时未加注意的信息，我们也会有所警觉，如视网膜边缘会一直监视变动的信号、光线的闪烁或其他突然的变化；听觉系统会对意料之外的噼啪声、嘎吱声或说话声很警觉（至少在某种程度上）；身体会对意料之外的疼痛或刺激很"紧张"。总之，我们的知觉系统随时准备拉响警报，把我们有限的注意力从当前的任务中拉扯过来，转而集中于意料之外的新鲜刺激。但是"警报系统"自身不负责解读和梳理，它只起一个引导作用，只有等我们锁定并理解了感觉输入，才会知道到底是什么吸引了我们的注意力。[1]

　　这说明，我们有时会忽略掉不加注意的信息，即使它就在我们的眼皮子底下。这种"无意视盲"看来有悖直觉，但已被知觉心理学家阿里恩·麦克和伊文·洛克证实。他们要求被测试者注视屏幕中央的一个十字，之后屏幕上会出现一个更大的十字，被测试者的任务就是判断这个十字横线长还是竖线长（如图30所示，横线竖线看起来差不多长，被测试者需要非常用心才能区别开）。0.2秒之后大十字消失，取而代之的是一个随机的黑白"面具"图案（图30右侧）。之所以要用面具，是因为过去有研究显示，面具可以打断被测试者对十字的进一步视觉分析，面具可以用来控制人们看十字的时长。如果不用面具的话，屏幕就会变成空白，被测试者仍有可能看到十字留在视网膜上的残像。

　　被测试者先注视处于中心的小十字，之后会出现一个"关键刺激"，即位于中心的大十字，被测试者的任务就是报告横线长还是竖线长。0.2秒之后，关键刺激被"面具"覆盖。

第二部分
**即兴思维**

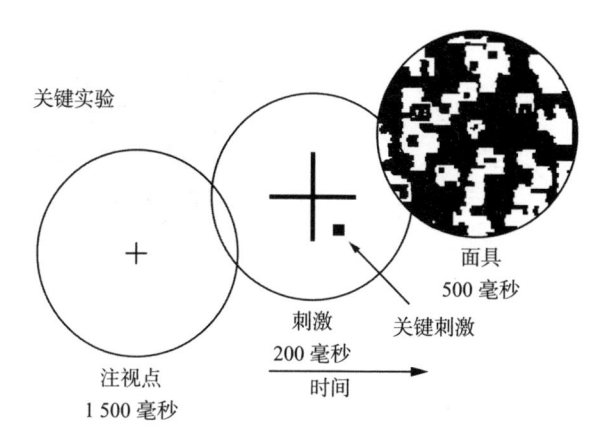

**图 30　麦克和洛克实验中的 3 个连续刺激**[2]

实验的重要时刻出现在第三次或第四次试验中，因为这时麦克和洛克添加了一个新物体，即在注视点几度之外增加了一个黑色或彩色斑点（这样就会被投射到中央凹旁而不是中央凹里）。在这个关键试验中，麦克和洛克问被测试者有没有看到大十字以外的东西。

让人震惊的是，大约有 25% 的被测试者说没有看见任何东西，即使这个斑点非常大，有很强的对比度且就位于两条线之间离中央凹很近的地方。这种"无意视盲"说明：不加注意就看不见。这听起来颇有点儿耸人听闻。

有人提出质疑，说这可能是因为斑点稍微偏离了视觉处理最灵敏的中央凹。如果是这样，那么有个简单的补救措施，即把大十字移出注视点（这是中央凹集中的地方），把斑点移到注视点，这样就保证了被测试者可以直接注视眼睛敏锐度最高的斑点位置（图 31）。但令人称奇的是，实验结果显示无意视盲的比例从 25% 上升到了 85%。

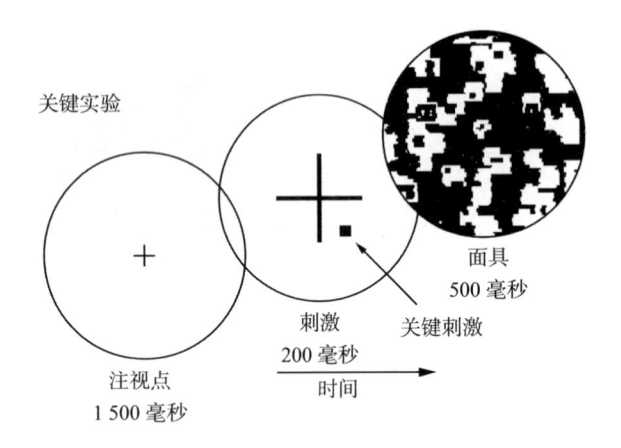

图31 调整之后，被测试者仍然首先要注视中心小十字，然后"关键刺激"出现，但这次变成了斑点处于中心，而大十字处于边缘。被测试者的任务仍然是分辨大十字的横竖线长短，0.2秒之后该十字会被面具覆盖。结果发现，虽然被测试者直直地看着斑点，但无意视盲的比例反而急剧上升[3]

这种奇怪的无意视盲现象只限于视觉吗？为了回答这个问题，我们可以用突然出现的声音来代替黑色斑点。[4]实验者要求被测试者在完成视觉任务时戴着耳机，耳机中会持续播放"嘶嘶"的白噪声。在十字正好出现的关键试验中，会突然出现一个延长的"哔哔"声。被测试者此时不需要完成新的任务，"哔哔"声也足以让人听得清清楚楚，但是结果显示：当人们专注于辨别线条长短时，几乎80%的人都否认他们听到了"哔哔"声或任何异常声音。由此可见，当我们专注于棘手的视觉判断任务时，不仅会出现无意视盲

## 第二部分
**即兴思维**

现象（即使我们正在直直地看着刺激），也会出现无意耳聋现象。[5]

无意视盲不是什么有趣的事，事实上有可能非常危险。NASA（美国国家航空航天局）研究员理查德·海恩斯曾借助逼真的飞行模拟器，研究有过数千小时飞行经验的飞行员是否可以顾及平视显示器的信息。所谓平视显示器是一种可以把信息平铺到整个视野的透明显示器，它的优点在于：飞行员可以不怎么移动眼睛就能观察到整个场景并读取关键仪表。与之相比，传统的刻度盘、屏幕和计量器需要频繁移动眼睛，这既浪费时间又特别危险。

海恩斯把模拟器设置为只能在能见度低的晚上着陆，这样就保证了受试飞行员必须全部依赖于仪表。飞机在下降并冲破云层底部之后会看见一条明亮的夜间跑道，但是如图32所示，飞机在着陆时出现了惊险一幕：地面上一架飞机正准备转到前面的跑道上开始滑行！在这个节骨眼上，大部分飞行员做出了快速而果断的规避动作，但是也有少数飞行员没有采取任何措施，而是继续下降并准备着陆，完全忽略了视野中央有一架明显且巨大的客机——幸亏是虚拟的。这些飞行员就像那些专注于十字而忽略了斑点的被测试者一样，把全部心思放在了平视显示器上：注意信息、整合信息，再利用这些信息指导行动。可是当他们把注意力放在这些信息上时，却不慎把眼睛正前方这个事关安危的场景信息给忽略掉了。在这千钧一发之际，他们数千小时的实践经验没有派上任何用场！

思维是平的

**图 32　无意视盲"正在上演"**

当把注意力放在平视显示器的符号和线条上时，有相当一部分飞行员忽视了图片之外的信息，并继续准备着陆。[6]

事实上，无意视盲现象在生活中十分常见。设想在晚上从明亮的屋内看向窗外：当你看向外面的世界时，你将看不见屋内的影像，当你看见屋内的影像时，你会发现外面的世界暂时消失了。当然，有时候你的视觉系统会分不清哪些是外面，哪些又是屋内的影像。比如有时候你会看到屋内的灯悬挂在空中。屋里屋外的物件就这样创造出了奇怪的组合。尽管如此，视觉系统无论如何都做不到一次"看见"两个不同的场景：我们可以锁定（部分）影像世界、外部世界或两者的奇怪组合，并赋予它们意义，但我们无法一次做到两件事情。飞行员也受到同样的限制，当他们注意"平视世界"时，外部的视觉场景就被忽略了。

当然这并不是说平视显示器一无是处。如果平视显示器可以与外部世界互相补充、互相融合，那么两者就有可能被整合成一

## 第二部分
## 即兴思维

个有意义的整体,就像一张被强光、箭头或其他符号装饰过的照片一样。但如果显示器和外部世界是分离的(而非紧密相连的),那么确实可能存在顾此失彼的危险。

现在让我们来看看由认知心理学先驱、康奈尔大学的乌尔里克·奈塞尔领导开展的一项开创性研究。[7] 实验者要求被测试者观看一个三人传球视频,每传一次球就摁一下按钮。但是奈塞尔及其同事拍摄了两个不同的视频,并把它们叠加在一块儿。也就是说,有两支队伍在传球(用T恤颜色来区分),且一支被关注,另一支被忽略。

第一个有趣的发现是:这个任务看似特别复杂,但人们完成起来毫不费力,都能够轻易地把注意力锁定于一个视频而忽略掉另一个视频。大脑在监视其中一个视频时,就好像另一个视频根本不存在一样。与之相比,计算机视觉系统还很难做到"理清"场景或"顾此失彼"。

第二个发现更令人称奇。奈塞尔在视频中间添加了一个非常明显和意料之外的事件:一个举着巨伞的女人慢悠悠地出现,从整个场景中间径直穿过,最后消失在了视野中。如果是常人看这个视频(即不用去数某支队伍传了几次球),那么这个人会立刻发现这个女人和伞——事实上,她这样突然出现显得极其诡异。但是被测试者只有不到30%注意到了异常,即使他们的眼睛在跟着球扫来扫去时肯定扫过或正好扫到了那个非常明显的女人和她举着的伞。[8]

这些研究告诉我们,大脑在锁定感觉信息碎片后,会忙着为这些碎片赋予意义,但是我们一次只能锁定一组碎片并为之赋予意义。这就是说,当我们的大脑忙于理解平视显示器上的线条时,我们有可能忽视即将拐入前方跑道的大型飞机。当我们正透过一扇明亮的窗欣赏外面的花园时,我们会完全忽视自己的影像。

## 那些注意之外的信息呢?

根据思维循环的观点,信息只有一种进入意识的路径,那就是被注意到。那么是否存在一个可以绕过思维循环和意识自觉进入思维的"后门"呢?[9]据我所知,还没有实验证据可以证明这一点。大脑做不到同时把多个知觉拼图拼起来,它只能一次处理一个拼图。[10]

思维循环会遵循以下路线:在处理步骤的早期,由于不知道该锁定或忽略哪个信息,可能存在一定的不确定性。因此,大脑一开始会寻找一些基本"意义"来帮助确定哪个信息相关、哪个信息无关。换句话说,知觉拼图混杂在一起的时候,我们需要先观察和分析两种拼图碎块。但是随着处理步骤的继续,解读行为会集中到那些有助于形成所要图案的信息碎块上,而对其他信息碎块的处理则会被压缩甚至抛弃掉。在处理步骤的最后,解读只会产生一个结果,即大脑只会锁定一组信息并为之赋予意义。如果用拼图游戏来类比的话,那就是:思维循环的一步解决且只解决了一个拼图。我们在阅读文本、扫视图片或者置身于快速变化

# 第二部分
## 即兴思维

的声音流或图片流时，可能一秒钟会解决好几个"拼图"（但是某个拼图经常会为解决下一个拼图提供线索，比如当我们扫描一个场景或阅读一本书时，我们会建立一种接下来可能会看到或读到什么的期望，如果期望被确认，那么解决下一个心理拼图的速度会变得更快），但是大脑仍然受到一次只能分析一组信息的根本限制。而且我们已经看到，我们在思维循环的每一步所赋予的意义都正对应于意识知觉流的内容。可见意识的顺序性并非偶然——它是思维循环这个顺序引擎的反映。

那么这种意识体验观有证据支持吗？更具体点儿说，我们怎么能知道大脑每次只会尝试理解一组信息？[11] 可以回顾一下之前为破除全局错觉而审视过的证据，它们正强烈地暗示了这一点。我们误以为可以看见整页单词、一个屋子的人和丰富多彩的场景，但这其实都是错觉。比如，我们在第 1 章讨论过，在眼动追踪仪的诡计之下，人们貌似可以流畅而正常地阅读，但完全没有意识到每次注视时屏幕上只有 12~15 个单词，其余的文本都被 x 或拉丁文替换掉了。

如果大脑是在"悄悄地"甚至无意识地处理其他所有或部分单词，那么这应该会对阅读造成一些可能非常明显的影响，但据我所知，尚没有报告提及这类影响。[12]

正是受制于全局错觉，我们以为自己可以同时感知到海量的单词、许多张脸和不同的物体，而且分辨率极高、色彩丰富。正是受制于全局错觉，我们以为自己可以一次就"吞咽"下语音、音乐和玻璃叮当响这道听觉盛宴——总之，我们以为自己的注意力焦点比实际大很多。

但事实上，我们可以注意到的内容要少得多，就算注意之外的信息发生了显著变化（从 xxx 变成文本再变回 xxx），我们也注意不到。这说明我们的注意力极其有限，我们很少或无法触及那些不加注意的信息。但是有没有可能那些注意之外的信息也经过了深入加工，只是被我们遗忘了呢？或者，主观体验中丰富多彩的感知确实是真实的，只不过由于对这些注意之外的物体、颜色和纹理的记忆太脆弱了，所以难以在实验中揭示这种体验？

目前在伦敦学院工作的世界顶尖大脑成像实验室专家杰兰特·里斯、夏洛特·罗素和克里斯·弗里思，以及后来加入的乔恩·德赖弗通过监视大脑的在线活动简洁地回答了上述问题（见图33）。[13] 实验者把被测试者固定在大脑扫描仪里，给他们展示了一些组合图片——某个常见物体的白描，上面覆盖着正体大写字母的字母串。这些字母串在一些试验方块中没什么意义，在其他一些方块中则是有意义的单词。过去有研究显示，人们在看到单词时大脑会有明显的兴奋感，看到无意义的字母串时则没有这种反应。我们可以把这种反应（对应于大脑左侧靠后的枕叶皮层）作为单词被识别的客观信号，它是完全独立于主观意识的。

里斯及其同事向被测试者展示了这些组合起来的图片，但为了把他们的注意力吸引到单词或图片上，或者保证他们只能看到一种类型的信息，会让他们完成一个简单的任务：观察单词或图

第二部分
**即兴思维**

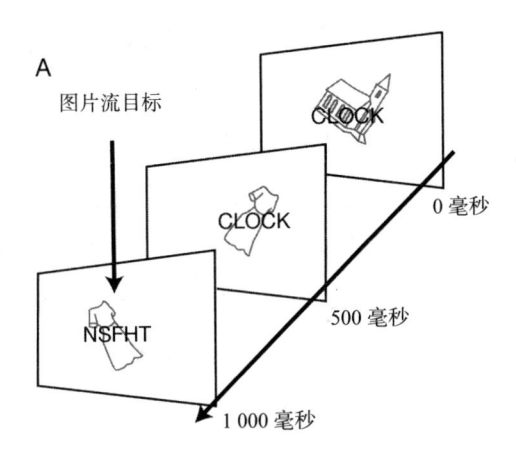

**图 33　里斯及其同事所做实验中的视觉呈现**

片是否立即出现了重复（即连续出现了两个同样的刺激）。如果成功找出了重复的单词或图片，那么就说明他们的注意力放在了一种信息上（字母或图片）。展示图像时要足够快，好保证他们只有把注意力集中在一种刺激上才能准确地汇报重复是否出现，因此他们的注意力就没有时间在字母或图片之间"跳来跳去"了。

被测试者在回答有关字母串的问题时（即把注意力放在字母串上），如果字母串是熟悉的单词，那么那种显著的兴奋感就会出现——那些注意力之外的白描虽在眼前，但也改变不了这个结果。但是当人们观察（也即注意）白描时会发生什么呢？如果大脑还在同时识别注意力之外的单词（即这些注意力之外的信息被分析过，只不过后来被我们忽略了），那么作为客观信号的那种兴奋感应该还会出现。如果大脑没有区分开任意字母串和单词——因为他们根本没有去阅读这些注意力之外的单词，那么那种特定的神经活动应该不会出现。实验发现后一种推论是正确的。

实验结果说明，虽然那些单词就在被测试者的眼前，但他们根本没有去阅读它们。之所以如此，是因为被测试者在注意其他事情，即那些被覆盖的白描。所以大致来说，对于你不去注意的单词，你也不会去读取它，既然没有读取，对大脑而言它们也就不存在。其实不光阅读是这样，只要有思维循环参与的地方都是这样——连注意都没注意到，更别谈什么解读、分析或理解了。[14]

## 大脑可以分离吗？

我曾指出，大脑的合作式计算导致我们一次只能思考一步。该观点还意味着：原则上，那些独特的非互动神经网络可以独立工作，每个网络齐心协力解决各自的问题，互不干扰。可是因为大脑是密集联结在一起的，而且任何稍微复杂一点儿的问题，如理解语句、识别脸部或观看星座等，一般都会激活整片大脑皮层，所以我们同时处理多个心理活动的能力相当有限。

可是我们的神经"机制"针对一些任务确实会分离出来，一个显而易见的例子就是主管心跳、呼吸和消化等生理活动的"自主"神经系统。这些神经回路只与皮层松散地连接，这导致我们在专注于难题或书本时，心脏仍然会跳动，肺部仍然会呼吸，胃部仍然能消化（谢天谢地！）。可是如果任务更为复杂呢？我们猜测，如果这些任务足够不同，那么可能无须动用大脑中的重合网

## 第二部分
**即兴思维**

络，只有这样，它们才可能独立地同时运作。

这种情况虽然少见，却是存在的。牛津大学心理学家艾伦·奥尔波特及其同事曾为此展开了一项研究，[15]他们要求擅长视读的钢琴师一边视读一首新曲，一边"跟踪"一段耳机里播放的语音（要求他们重复听到的语音，可以有最少 0.25 秒的延迟）。令人惊讶的是，他们在适当练习之后做到了同时流畅地跟踪语音和视读音乐，两个任务之间几乎没有干扰。

不久之后，埃克塞特大学的亨利·谢弗又做了一个实验。他发现训练有素的打字员可以同时跟踪和打印非文字文本，两个任务之间几乎没有任何干扰，从而把以上研究结果向前推进了一步。[16]跟踪任务和打字任务都涉及语言，因此我们猜想打字员极有可能被搞糊涂，但出人意料的是，他们完成这两项任务的速度和精度都接近正常水平。

由此可见，完成两项任务所用到的神经网络确实可以分离——至少经过练习之后可以做到这一点。例如，通过视觉呈现的字母或单词映射到手指动作（即打字），与通过听觉呈现的单词映射到重复语音（即跟踪）就可能是分离的。如果确实如此，那么被测试者在盲打和跟踪的同时只能把一种语言材料处理为语法和意义。而在所交流的语言材料都没有什么意义的时候，被测试者必然可以流畅地盲打和跟踪语音。所以说，对语言的有意识且有意义的解读只适用于一种语言材料（要么是看到的，要么是听到的），不可同时适用于两者（这导致的结果是：只有一种语言

## 思维是平的

材料的意义会被编码和存储到记忆中）。这就好像我们不可能同时看到两个图案，如同时把一个神秘图案看成兔子和鸟（图24）。这也将导致人们最多只能记起一种接触过的语言材料，因为只有一种材料被解读出了意义。

如果这个一般理论是正确的，那么只有在每个任务依赖于非重合神经网络时，大脑才可能执行多个任务。但是由于大脑呈密集联结状态，且多个任务会牵涉多重因素，因此高度复杂的任务不可能做到这一点。通常而言，每个任务征用的神经网络都有些重合，这会加大我们同时执行两项任务的难度。不过，走路和嚼口香糖涉及的神经元很可能是互相分离的，而它们与复杂心算所涉及的神经元也是互相分离的（但是当我们需要全身心投入棘手的乘法运算或填字游戏时，我们会发现自己会明显放慢，甚至停下脚步，暂时停止嚼口香糖，还闭上了眼睛）。

稍微复杂一点儿的任务都涉及神经回路重合，这也导致了知觉、记忆和想象一次只能走一步。我们在理解复杂的视觉图像和丰富的音乐模式或解决填字游戏线索时，每一步思维都可能是"巨大"的一步，依赖于由数十亿神经元构成的网络的合作计算。但是每一步思维的内部是如何工作的，我们的意识自觉是无法触及的。

总之，思维循环为我们一步步理解世界提供了一条通道（先不考虑特殊情况）。如果思维循环锁定了某个视觉世界侧面，那么其他信息（如斑点、飞机或单词）即使近在眼前，也会被忽略。思维循环的这种顺序性似乎说明：如果我们正在有意识地思考某

## 第二部分
**即兴思维**

个话题，那么对其他话题的思考（不管是有意识的还是无意识的）就会被屏蔽掉（当然要假定这些思维流依赖于重合的大脑网络，不过一般来说这也是事实）。这进一步证明了第 7 章提及的"没有后台处理"观点的正确性。

但是，我们的解释是否可靠还需要解决无意识思维是否存在的问题：它将与思维循环分庭抗礼呢？还是只是一个经不起推敲的幻影？下一章我们就来解决这个问题。

# 9
# 无意识思维的神话

伟大的法国数学家和物理学家亨利·庞加莱（1854—1912）对自己惊人才智的来源特别感兴趣。他一生取得了非凡的成就，其研究成果深刻地重塑了数学和物理学，比如为爱因斯坦的相对论和混沌现象的现代数学分析奠定了重要基础。此外他还对自己无与伦比的智慧来源有一些颇有影响的推测——全部来自无意识思维。

庞加莱经常发现自己一连几天甚至几个星期受困于某些数学难题[1]（说句公道话，这些问题都很难），可是当他根本没有在思考这些问题的时候，答案却自己跳进了脑海，而且他检查之后发现这些答案往往是正确的。

这到底是怎么回事呢？庞加莱的猜测是：他的无意识思维正在"后台"不断探索着问题的解决方法，一旦哪个方法在美学上是"正确"的，它就可能会跳进意识里。在庞加莱看来，这种"无意识思维"是由所谓第二个自我操控的，经过前期有意识思考的酝酿和驱动，便可以在意识知觉水平之下解决手头的问题。

20世纪著名的德国作曲家保罗·欣德米特也在其书中提到过类似看法，还用了一个令人震惊的比喻：

> 我们都见过这种景象：一道刺目的闪电掠过夜空，我们在一秒内看到了广阔的风景——不只是一般的轮廓，还有丰富的细节。虽然我们无法确切地描述每个局部，但也能感到，即使是最细小的草叶也逃不过我们的注意力。这种包罗万象而又丰富饱满的景象在白天根本看不到，即使在夜晚也不一定看得到，只有我们因其突如其来而屏气凝神时才能体验到。作曲也是同样的道理：我们在作曲时，如果无法在一瞬间看到它的全貌和每个恰到好处的细节，那么我们就不是天才的创造者。[2]

按照字面意思理解，欣德米特的说法似乎暗示着整个作曲过程是无意识的。整个乐谱好像是由无意识的过程神秘地完成的，只待某个电光火石的瞬间喷薄而出，从而进入意识领域。无意识工作完成之后，作曲家只需要费点儿力气把现成的作品转录到纸上即可——考虑到创造性工作已经完成，我们认为这是一个非常无聊的过程。当我们看到支配欣德米特作品的音乐系统是如此复杂和独特时，他这种对作曲过程的理解显得非常不可思议。[3]

## 第二部分
### 即兴思维

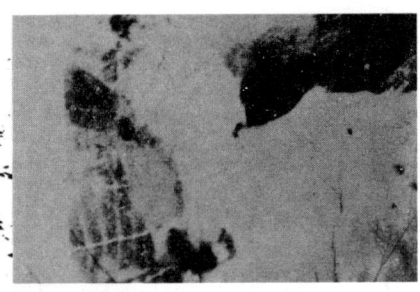

**图34 可以看清图片中是什么吗?** [4]

我们可以先来看一下稍显平常的"顿悟时刻",即在试图破译一些令人感到困惑的图片时获得的体验。你以前可能见过图34中的图片,如果见过,那么你会立刻看出里面的内容,如果没见过,就可能只看到一堆令人迷惑的斑点、标记和污迹。假如你属于后者,那么你可以花一到两分钟细细观察一番,幸运的话,会看到意义突然"冒了出来",并体验到一种非常愉快的感觉(请观察图34之后再继续阅读)。尽管你过去从来没有见过这些图片,但经过一两分钟的迷惑之后,你立刻意识到了其中的内容。这时你会觉得图中的内容再明显不过了,还奇怪自己不久之前为何没能立刻看出来。可是,如果你过了几分钟之后还是一头雾水,那么你可以直接翻到图35,我们将在那里为你揭开谜底。

左图其实是一只斑点狗在闻,右图是一头牛的"肖像"。当你看到它们之后,你会觉得这再明显不过,而且再也无法看不到它们了。即使过了几年甚至几十年,你还是会立刻识别出它们。

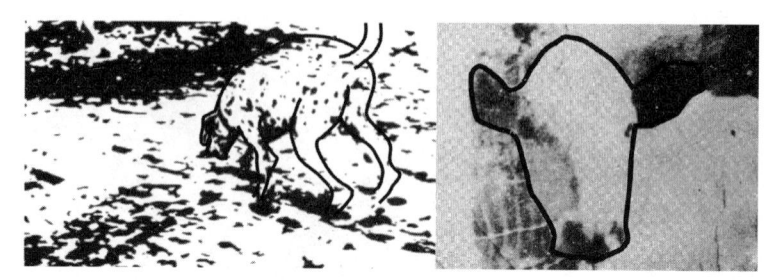

**图35 答案揭晓**

当答案突然"冒出来"时,我们有一种顿悟的感觉,但无法解释它来自哪里。秩序好像不喜欢提前打招呼,总是突然从混沌中涌现。顿悟不会给你任何提示(比如"冷暖"的生理信号),就好像我们在漫无目的地挣扎,忽然"瞎猫碰上死耗子",撞上了幡然醒悟这道"晴天霹雳"。由此可见,我们解决问题的风格不是一步一步的,而是"误打误撞"式的。思维循环一直在转,不断探索各种不同的组合,没有一点进展,直到某一时刻,在一步之内偶遇了答案。

现在设想一下,如果不让你一连几秒钟或几分钟地观看这些图片,而是一周只能短暂地观看一次(一次只持续几秒),那么总有那么一次,你会突然看到一只斑点狗和一头悲伤地盯着你的奶牛。这种顿悟时刻需要一个解释:"为什么我现在看到了,而之前却看不到?"

你自然会想:"我一定是在无意识地思考这些图片,因为连我自己都不知道,我什么时候破解或部分破解了谜团,当我再一次看到图片时,答案自己'突围'到了意识当中。"这真是大错特

## 第二部分
**即兴思维**

错！因为在我们思考图片之时也可能出现"顿悟"现象，而此时根本没有供无意识在后台沉思的余地。其实顿悟现象并非源自无意识思维，而是来自问题本身——我们是在明确线索较少的情况下努力为它寻找一个合理的解读。

这种"视觉顿悟"很容易被误解为无意识思维，其实数学、科学和音乐中的顿悟也可能不是来自无意识思维。这些领域的人物都是天才，但这并不能保证他们的自省就是可信的。

大脑是一架合作式的计算机器，大部分的神经网络都在为解决同一个问题而努力，换句话说，思维循环每次只能走一步。鉴于大脑的神经网络呈高度联结状态，所以把不同问题分配给不同的大脑网络是不太现实的。我们可以与奥尔波特和谢弗描述过的双重任务做个对比（见第8章）。他们的研究显示，在涉及可能关联非重合神经网络的特别心理计算（比如视读音乐和听写）时，人们可以同时兼顾两件事情。那些需要高度训练和重复的任务都有可能发展出这种专门化的大脑网络，但需要注意的是，它们都是步骤固定的专门任务，而像数学或音乐这种复杂问题需要的是大脑的高度专注。所以说，认为我们在处理日常生活时还有复杂的无意识思维"在后台运作"的观点绝对是天方夜谭。如果不考虑那些步骤固定的常规行为，我们可以说思维循环一次只能注意和理解一组信息。

这样，庞加莱和欣德米特的错误就不言而喻了。如果他们一连几天都在考虑其他事情，那么大脑是不可能私下去解决数学难题或谱写精妙乐曲,并在几天或几个星期之后瞬间揭晓答案的。可是,无意识思维有一种致命的吸引力,许多心理学家投入了大量精力去寻找它存在的证据。这些实验大致如下:给被测试者一些难题(如一个字谜)去解决,只给他们相对较短的时间,然后实验者在让他们重新投入这些难题之前,指示他们继续工作、稍加休息、完成另一个相似或不同的心理任务,甚至睡一晚上。根据"无意识运作"的观点,相对于那些一直在完成任务的被测试者,休息之后的被测试者表现会突然上升。这个领域的研究数量繁多、各式各样,[5] 但在我看来都有轻易下结论的毛病。首先,各种休息的效应是可以忽略不计乃至不存在的。就算无意识运作确实发生了,其效应也难以检测到——尽管人们为此尝试了一个世纪。其次,很多研究者相信,休息的轻微影响和庞加莱、欣德米特的直觉可以有一个更合理的解释,完全不需要归因于无意识思维。

我们先来想一想我们为什么会被难题困住。这类难题难在我们无法通过固定的步骤解决它们(与之相反的是,把一列一列的数字加起来,虽然步骤繁多,但过程是固定的),只有找到一个"正确的"视角才能取得进展(像字谜游戏,我们得找到那几个关键字母,而解决数学难题或谱写精妙乐曲这样的任务可选择的空间就太巨大,太多变了)。在理想的情况下,我们只要不断试探各种"视角",就总能碰到对的那个。但是做到这一点很难,因为我们一旦钻在这个问题里太久,就会困在里面或在原地打转。这其实是大脑的合作计算风格造成的。

## 第二部分
**即兴思维**

当大脑找不到一个满意的分析或解读时，心理死胡同就出现了。我们当然会刻意去清理死胡同，而且常常会成功。比如我们会抛掉旧信息，聚焦新信息。我们在玩填字游戏时会从不同的视角思考已有线索，比如"jumble"（混乱）可能提示我们要从易位构词入手，我们会积极地回忆一些可能有用的知识（"哦，这看来像是一个有关直线和角度的几何问题，我也曾在学校里学过关于圆的定理，它们是什么来着？"）。然而这种刻意尝试常常以失败告终。事实上，我们会发现自己无数次走入死胡同。比如当我回忆单词 artichoke（洋蓟）的拼写时，我的内心戏是这样的："不，不是 avocado！不是 asparagus！也不是 aubergine！也肯定不是 aspidistra！哎，太荒谬了！救命！"

休息的好处是可以帮助我们逃出死胡同。因为我们在一次次失败之后，脑子里充满了无数的片面方案和建议，而休息可以让我们的大脑焕然一新，这样也就更容易接近成功。而且，我们单凭运气也有可能撞上有用的线索。可是把难题暂放一旁最大的好处还可能在于：当我们重新思考这个难题时，我们会以一个不受过去失败经验束缚的全新视角看待它！新视角不一定就比旧视角更成功，但这样一次一次尝试，答案总有恰好匹配的一刻。

尽管我们直觉上认为无意识思维正悄悄地在意识知觉底下钻研难题，并不参与思维循环，但这并非事实——无意识地解决问题和有关无意识思维的各种观点都是神话！

看一下庞加莱对其解题之道的描述，我们就知道他为什么会受到绝妙顿悟的青睐了。他说自己的策略通常是：不用纸和笔，先在脑海中勾勒解决方案的轮廓，然后把这种直觉翻译为数学符号语言加以检查和验证。这里的关键就在于数学问题被转化成知觉问题。如果知觉直觉正确，那么相对而言给出能被数学同行接受的"证明"就毫不意外了（虽然进展有点缓慢）。知觉问题正属于那种可以被思维循环一步解决的问题，当然前提是我们正好锁定了正确信息，还正确地"看见"了信息中的模式，就像我们在图 35 中看见了斑点狗和奶牛一样。

由此可见，庞加莱的数学灵感和我们在图 35 中体验到的"顿悟"是一种类型，都是秩序突然就从混沌中神秘地涌现出来了。尤其重要的是，它们并非无意识思维长年累月工作带来的，而是我们轻装上阵之后灵机一动得来的。正因为过去的错误都被摆脱了，思维才走上了正轨：当心理碎片得到正确的整合，问题也就得到了解决。

还有一个著名的故事可以说明这个观点，那就是 19 世纪伟大的化学家奥古斯特·凯库勒发现苯环结构的故事。某天，他梦见一条蛇咬着自己的尾巴，凯库勒立刻意识到，苯可能就是这样的环形结构（我们灵活的大脑喜欢隐喻思维，我们之后会看到）。不久之后，有关苯环化学结构的详细分析便出炉了。

这让我们很困惑，为何正确的知觉解读都是在一瞬间进入脑海然后解决了过去的难题？有没有可能是无意识思维在夜以继日地钻研解决方案，[6]最后决定与"有意识思维"联系，只不过不直

-164-

## 第二部分
## 即兴思维

接奉上答案而是透露一张神秘图像？凯库勒的故事尽管迷人，但并不可信。事实上，像这种正确知觉图像进入脑海然后引发天才科学灵感的故事并没有什么神秘之处，因为几乎所有在思维中闪现的知觉图像都不会引发天才灵感。只有在极少数的情况下，合适的图像或图像之间的碰撞才会意外地解锁重要发现，而这些情况就会被编成故事讲给下一代的数学家或科学家听。

因此，当我们的思维重新锁定问题并获得一个略微不同的视角时，顿悟确实有可能闪现（"闪现"即一个思维循环）。但要说它是第二个无意识自我深思熟虑的结果，那绝对是没有根据的。

让我们回到欣德米特。他说作曲家在谱曲时一蹴而就，还把这种状态比喻为一道闪电掠过时我们一下子看到了整个夜景。这个比喻很令人信服，毕竟如第一部分所言，我们都要受制于全局错觉——这个视觉世界既丰富又生动，信息都是提前造好和唾手可得的（眨一下眼睛或转移注意力就能得到）。其实作曲也是一个道理。为此我们不能从表面上看待他的观点，他的真正意思是：灵感袭来之后，创作（和写成乐谱）会更加流畅。正是这种文思泉涌的状态让人感觉音乐好像是必然和现成的。欣德米特解释道：

> 这并不意味着最后部分第 612 小节中的任何一个升 F 的音在最开始认知闪现时就确定好了。如果作者一开始就把注意力放在了整体之中的某个细节上，那么他将永远无法感受到整体；但是如果整体构想像闪电一样击中了他，那么这个

升 F 的音、其他数以千计的音符和表达方式都会在他几乎毫无察觉的情况下各归其位。[7]

所以顿悟并不是说，内在的"无意识作曲家"已经用某种内在大脑符号把乐曲写好了，只等着什么时候突然冒出来。事实上，音乐中的灵感就像数学和科学中的灵感一样，都是发现了一个有望成功的新方向。这还只是一个起点，接下来还有很多工作要做，甚至还会经历煎熬。当然，如果"熬出头"了，如写出了交响曲或找到了证明方法，人们就会觉得这些都是必然，作者只是把最初的灵感"呈现出来"。但这只是一种随便的说法，就好像整个西方哲学传统不过是把柏拉图和亚里士多德的细节"呈现出来"，超过半个世纪的摇滚乐只不过把最初有关基调强节奏或利用电子拾音器来放大吉他声音的想法"呈现出来"而已。

## 一次一个任务

想象一下这个场景：你正在拥挤的城市街道上驱车前行，与此同时，你还在听着广播里的音乐，与朋友欢快地聊着天。你一定觉得自己很了不起，可以一心多用，不仅对路况一清二楚，可以在必要时转向或刹车，还对正投身其中的聊天了然于心，甚至还能听音乐（否则为什么播放它呢？）。你觉得自己必然是在同时处理着看路况、聊天和听音乐三件事情，就像那些玩杂耍的人同时抛接多个物体一样。

## 第二部分
## 即兴思维

但是你忘记全局错觉了吗？你"感觉"自己可以同时掌握周围的车辆、后退的建筑物、路上的标记，以及树木和天空等，但正如第一部分所述，你根本不可能做到这一点。当然，你可以在有疑问时转动眼睛找出答案，也可以在谈话、广播和周围环境之间快速切换，好像它们一直在那里一样。但是如果突然有一辆车停下来了，你会立刻刹车、摁喇叭甚至突然改变方向。此时，流畅的谈话会突然中断，司机和乘客受到惊吓，完全想不起他们刚才谈了些什么。

那么有没有可能我们并非在同时处理多个任务，只是从一个任务切换到了另一个任务？也就是说，多任务处理只是个神话？

哈尔·帕什勒（我们在第3章讨论过他的研究）和他的共同作者乔纳森·利维、埃尔温·波尔曾做过一个实验，让我们了解开车时进行多任务处理有多难。[8]他们要求被测试者完成一个简单的类似于视频游戏的模拟开车任务，主要目标是在一条略弯曲的路上跟着前面的车辆，并使用方向盘和右脚来控制油门和刹车（和平常开车一样）。此外，被测试者还需要完成一个叫作"探测"[9]的任务：他们时常会注意到一些知觉事件，如"哔哔"声和前面车辆后窗玻璃的颜色变化，他们的任务就是探测这些事件出现的次数是一次还是两次（也就是说，他们必须对听觉或视觉刺激做出回应）。如果某个知觉事件发生了，他们不仅需要报告出来，还必须采用摁按钮或口头报告的形式进行回应（可以分别称为手动回应和口动回应）。当然他们也得保证行车安全，即紧跟前面车辆并在必要时刹车。

有人可能会想,这些司机经验如此丰富,应该不会被这种简单的额外任务干扰吧。毕竟直觉告诉我们,人们开车就像开了自动导航,就算有什么动作也是条件反射的结果,肯定不会事前有意识地斟酌。

如果确实如此的话,当然很令人宽慰,但这并非事实。当前面车辆减速人们还不得不探测"信号"(颜色变化或"哔哔"声)并做出回应时,他们的刹车速度会受到严重影响:回应信号时的平均刹车时间比没有回应信号的刹车时间增加了大约 1/6 秒——这多出来的 1/6 秒在现实中非同小可(以每小时 60 英里的速度行驶的汽车会在刹车前多行驶大约 15 英里)。

我们还猜测,额外任务的类型不同(手动还是口动,听觉还是视觉),造成的影响也应该不同。结果发现,口动回应比手动回应对刹车的干扰更小,因为手动回应会造成手忙脚乱,而双腿和发音器官(嘴唇、舌头和共鸣腔)之间的信号则不会被混淆。此外,让人惊讶的是,报告两次"哔哔"声比报告两次颜色变化对刹车的影响更小,原因在于刹车需要通过眼睛观察前面的车辆是否在减速。事实上,所有不同组合都会对刹车速度造成相同程度的影响。

此外,即便额外任务非常简单,其负面影响也很难消除。比如在进一步的研究中,利维和帕什勒明确告知被测试者要以快速安全刹车为第一要务,如果当时正好在进行某项额外任务,就要把这个任务放下。[10] 结果发现,尽管人们一般都放弃了任务,但其

## 第二部分
**即兴思维**

刹车速度仍然受到了明显影响。

看到这里，你可能已经开始担心驾车聊天的行为了。此外，像单手打电话（此时你只剩一只手操控方向盘）和开着免提打电话都是危险的行为——聊天和驾车之间的干扰要比我们想象的严重得多！我们自以为驾车时可以"眼观六路，耳听八方"，可以在必要时刹车或改变方向，而不受聊天干扰。但这些直觉都是错误的：我们只能"看见"一小段周围的路况信息（不记得了吗？飞行员着陆时没有看见前方跑道上正有一架飞机准备滑行；还有那个人们没有看见的举着伞的妇女），只有保持高度警惕才能把注意力引向最需要的地方（如扫描下一个交叉路口；看有没有路人突然闯到路上）。更要命的是，如帕什勒及其同事的研究所显示的：我们的驾车行为（和反应）和其他行为会严重地纠缠到一起。

与乘客聊天也具有同样的危险。但值得庆幸的是，当路况变得危险时，乘客和司机会放慢甚至停下他们的聊天，此时开车成了比聊天更重要的事情。但是打电话就不一样了，电话另一端的人根本不知道司机的注意力正集中在紧急的操作上，而司机则觉得维持这通电话流畅是自己的义务。在这种情况下，司机极有可能继续聊天，从而极大地增加了事故发生的可能性。

## 一次一个记忆

那么有没有可能，虽然我们无法做到一次注意好几件事情，但是大脑可以无意识地搜索我们的心理档案馆，把有用的文件调出来以供未来使用？也就是说，庞加莱的无意识一直在搜索他倾其一生储存下来的高等数学档案库，在他重新回到这个问题时，一些指向最终解决方案的关键线索已经万事俱备，只待顿悟这股"东风"刮来了。根据这个视角，我们得知，大脑不是在无意识地解决问题，而是在无意识地启动相关记忆，并为最后一击打基础。

那么我们是否可以找到支持无意识记忆搜索的证据呢？为了验证无意识记忆搜索是否在助力有意识思维，我和华威大学的同事伊丽莎白·梅勒及格雷格·琼斯几年前做了一个实验。[11]

我们没有选择高深的数学推理，而是选择了尽可能简单的任务，即从记忆中提取常见的单词，比如列举尽可能多的食物名称。尽管你知道数不胜数的食物名称，但在完成这个任务时，你会发现自己吐出词汇的速度很快就慢了下来，只能吞吞吐吐地说出一些水果、焙烤食品和调味品的名称，有时甚至会突然哑口无言。再比如列举尽可能多的国家名称。目前被联合国承认的国家大约有200个，而且大部分都是你比较熟悉的，但是你会再次发现自己过早地结巴了。

但是，如果不让你只列举一种名称，而是列举食物或国家名称呢？唯一的方法就是，先集中列举食物名称，一段时间之后想不出来了，再集中列举国家名称，若连国家名称也想不出来了，再回到食物——如此循环往复。这个任务本身很有趣，也许可以证明我们的记忆是井井有条的，即食物与食物互相连接，国家与国家互相连接。但是这种转换策略也很有趣，因为它可以让我们知道，对于那个我们暂时没有列举的范畴，我们的记忆可以一直

## 第二部分
## 即兴思维

搜索到多远。

从思维循环的视角,我们根本不可能做到无意识地搜索心理档案馆,因为如果我们正在记忆中搜寻食物,那么我们将无法做到同时搜索国家,反之亦然。而且,假如可以做到这一点,那么我们列举食物或国家名称的速度应该比单独列举一种名称的速度更快,即使快不了多少。

现在假设一下:当我们的有意识思维正在列举食物时,无意识心理搜索正在后台悄悄地把一系列国家名称找出来,当我们开始列举国家时就不需要再费力寻找了,因为无意识搜索已经把它们找好了,我们只需要快速地把它们"下载"下来即可。这导致的结果是:如果我们可以做到同时搜索食物或国家(即便一次只能报告一种结果),那么同时列举两种范畴的速度应该大大高于只列举一种范畴的速度。

可是不管使用什么试验刺激,我们都得了同样的结果:我们在思考 y 时,不可能同时搜索 x,在思考 x 时不可能同时搜索 y。当搜索对象转换时,对前一对象的搜索就戛然而止了。如果有无意识在后台继续工作,那么当然有不少好处,但目前尚没有证据支持这一点。这让我们感到十分震惊,因为它本来可以在日常生活中大显身手。我们每天都有一堆任务要处理,而大脑却只能交替处理,像聊天、读报、制订计划以及思考复杂的哲学问题等行为,我们只能分开进行。如果我们既能一心一意地处理当前的事,又有后台的无意识思维帮助解决其他事情,那该有多好啊!遗憾的是，当我们的有意识思维专注于问题 A 时，对问题 B、C、D 的"研究"就全部中断了。

思路确实会偶然"从脑海里冒出来"，如我们一直都想不起来的名字、本来已经忘记去做的事情，甚至还有那些让我们纠结了很久的难题的线索。但这不是无意识在后台运作的结果，它之所以能够发生，是因为在我们重新思考那个问题时，一开始把我们困住的心理怪圈消失了。这样我们就轻松地看见了之前一直躲开的答案，或者可以大致猜到解决之道藏在哪里。

怀疑自己掌握了问题的答案不等于找到了答案，正因为两者很难区分，所以人们过高估计了支持无意识心理过程的证据。当凯库勒在梦中顿悟到苯的结构时，他只是在怀疑，唯有经过无数次的失败尝试才能最终确定下来。事实上，凯库勒正是在细化了苯的结构并发现它确实奏效之后，才相信自己真的掌握了正确答案。所以说，不如把"灵感闪现"称为"怀疑闪现"。怀疑被最终证明合理的情况很少见，但人们很容易就此认为，大脑在把答案"建议"给有意识思维之前就已经得到答案的完整版本，并仔细核实过所有细节了。如果真是这样，那可能要花费无意识思维的不少工夫，但事实上，核实和分析都发生于瞬间的心理闪现之后，而非之前。

其实仔细想一下，这只是全局错觉及其花招的又一个变体。正如我们有一种整个知觉世界被下载到思维中的错觉（因为我们需要它时它就在那里），我们也很容易以为问题的整个解决方案是

## 第二部分
**即兴思维**

被下载到思维中的（在灵感闪现的瞬间）。当"怀疑闪现"在之后被证明对解决问题很关键时，核实过程将变得非常容易。我们不管问什么问题，好像都能轻而易举地得到答案，而且那个智力难题的所有拼图好像也都各归其位了。

# 10
# 意识的界限

我们的大脑一次只能对一件事情产生意识，所以我们是肯定无法同时意识到大脑所做的所有事情的。这一点儿都不意外。事实上，我们只能意识到大脑对世界或部分世界进行理解的结果，这些结果都来自极其复杂的合作式计算——思维循环，需要1 000亿个神经元构成的巨大网络参与，并依靠来自感觉和记忆的巨量信息才能进行。

意识类似于袖珍计算器、搜索引擎或"智能"计算机数据库的"读出"。我们把算术题（43+456）、检索词（法夫郡渔村）或问题（法国的首都在哪里？）"喂进去"，"读出"就会告诉我们答案。但是，计算器内部的二进制运算步骤、搜索引擎所依靠的巨大网络，以及数据库里的智能推论和巨大"知识库"都是我们无从得知的，它也不会跟我们解释这个答案是怎么来的。当我们关注某个图片、单词或记忆时，我们其实是想知道"它能给我一种什么感觉"的，当大脑对所见所想的解读"跳进"脑海时，我们也就意识到了这个"读出"。但是在意识的背后，还有无数信号在密集复杂的神经元网络中闪烁，它们正在对实时的感觉输入和过去的记忆踪迹进行回应。我们认为，这种创造和支持了缓慢意识体验的超级复杂的神经活动模式才是无意识的真实本质。

这里的关键在于，每个思维循环的神经过程并不能被意识到。它们只是超级复杂的合作神经活动模式，正在借助有关过去体验的广阔记忆来为当前的感觉输入搜寻意义。我们只能意识到对当前感觉输入的具体解读。就像便携计算器无法"读出"计算芯片是如何设计和运作的一样，我们也无法意识到自己的心理过程；或者说，就像我们无法意识到肝脏的生物化学结构和特性一样，我们也无法意识到我们借以理解世界的合作神经活动的流动。

我们能且只能意识到合作计算的输出结果——意义、模式和解读。也就是说，意识只限于我们对感觉世界的解读，而这些解读只是每个思维循环的结果，而非其内在运作。

## 知觉中的意识

意识体验只能给出大脑的解读结果，不能直接触及感觉输入的信息或创造解读的过程。为了进一步说明这个结论，我们来看一下由日本视觉科学家出泽正德设计的、位于图36左侧的有趣图片。这个周围有黑色锥形尖刺射出的光滑白球非常形象生动：你会看到它的表面明亮光滑，甚至反光；它在作为背景的白纸上方悬浮着，好像比白纸还要亮一点儿；再仔细观察球体和背景的边

## 第二部分
### 即兴思维

界,你会发现一条标记了两者边界的清晰曲线;此外,有一些黑刺朝向我们,让我们略感不适,另一些则对准了他处。然而,所有这些都是解读出来的,或者说是你想象的产物。事实上,它们只是一些分布于白纸背景上的扁平黑色图形,把它们随机打散之后你立马会发现它们变成了二维的(见图36右侧)——可是我们却"看见"了一个周围有尖刺射出的圆球!这说明,我们只能意识到大脑认为存在的东西,或者说,我们只能意识到思维循环的输出结果,意识不到其输入信息。

**图36 出泽正德的尖刺球体(左侧)和随机排列之后的图案右侧**[1]

那么,为了产生这种尖刺白球的意识体验,大脑网络会在背后(无意识)进行什么运算呢?我们当然无法靠自省得知,但我们可以设想一下我们怎样才能写出一个可以像人类大脑一样从零散的二维图形中"创造"出三维尖刺球体的电脑程序,从而对大脑运算的本质和复杂性有所了解。

我们需要哪些原则呢?计算机程序首先要算出三维图形怎样才能投射成二维的,比如那个朝向我们的黑色锥形尖刺是怎样变成一个最短一边稍向外隆起的"三角形"的。而且,既然白球是实心的，那么应该会挡住一些尖刺。这样，一些尖刺只能变成较短一边沿球体边界向内弯曲的较小和断掉的三角形。我们的程序需要知道朝向我们的尖刺应该要比与我们的视线成直角的尖刺更短更粗，还需要算出尖刺与白球接合处的位置和方向。此外，程序还需要把不同的位置整合在一起，意识到它们处于同一个弯曲的球面上，即那个（隐形）白球的表面上。总之，这种计算其实是一种复杂而精巧的几何推论网络。[2]

要想得到与推论网络最契合的解读，理想的办法是同时考虑所有的制约因素，即持续不断地"拼合"解读，直到尽可能契合所有的制约因素。如果大脑一开始只集中于少数制约因素，并尽可能地满足它们，然后才考虑剩余的制约因素，那么这将有走向死胡同的危险，很可能导致下一个制约因素不符合最初的解读，从而不得不推倒重来。幸运的是，同时匹配大量线索和制约因素正是大脑合作式计算的拿手好戏。可是上述运算都是我们假想的计算机版本程序不得不运行的，我们虽然设想大脑为了创造出出泽正德的尖刺球形必须这样做，但事实又是怎样的呢？

事实上，大脑对这种必须同时满足大量制约因素的问题可谓得心应手。至于为何如此，一种解释是：感觉输入的不同方面（及其可能的解释）关联于不同的大脑细胞，而感觉碎片和解读之间的制约因素可以被大脑细胞构成的联结网络捕捉到。紧接着，神经元会通过交换电子信号，共同寻找感觉数据的"最佳"解读（至少是大脑能够找到的最佳解读）。[3]这个过程的细节非常复杂，

## 第二部分
## 即兴思维

我们只了解了一部分，但不言而喻的是，大脑的网络结构似乎天生就适合于这种需要把来自感觉的诸多线索编织成连续客体的合作式计算。

如果是这样，那么大脑需要进行的运算将非常复杂。为此我们自然会想，大脑是不是有某种捷径可以绕过这些运算？这个想法很诱人，但人工智能、机器视觉和知觉心理学已经否认了这一点。计算机视觉系统在识别脸部、场景甚至笔迹上一般都使用了我之前勾勒的"推论网络"方法。[4] 还有一种更为诱人的观点：我们不需要任何运算——我们就是"看见"了。[5] 知觉的这种直观性是显而易见的，一些心理学家甚至因此提出：知觉是直接的（虽然我们不太清楚这到底是什么意思），而不是从极其复杂而微妙的无形推论中涌现出来的。

然而，这种意识体验和"真实世界"直接接触的观点不可能是正确的，因为就算白色尖刺球体不在眼前，我们也能看见它。现实中只有线条和图形、圆圈和球体是建构的产物，是我们的大脑为了理解投射到视网膜上的二维图案而想象出来的。

以上论证过程说明，大脑在寻找感觉碎片（如由扁平黑色图形构成的图案）的"谜底"时，是推论把不同的碎片整合在了一起——具体到这个案例就是几何推论，即尖刺和隐形表面如何产生部分二维输入信息。当推论网络找到解决之道时，"谜底"就出现了，而统一的解读就会出现在我们的意识里——具体到这个案例就是"尖刺球体"，只有它能对黑色几何图形的全部布局、大小

## 思维是平的

和形状做出统一解释。

这样来看,知觉就是一个丰富而精妙的推论过程,即大脑一直在仔细地为来自感觉器官的骚动寻找一个最佳解释。当我们努力解读感觉输入、语言或自己的记忆时,其实是精妙绝伦的推论在寻找一个能把所有数据串联起来的最佳"故事"。这种观点由来已久,德国杰出的内科医生、物理学家和哲学家赫尔曼·冯·亥姆霍兹早在1867年就曾提及——当时心理学还没有成为一个专门研究领域。[6]他意识到,我们对世界的体验绝不仅仅是把进入眼睛或耳朵的光线或声波复制好就万事大吉了。知觉需要搞清楚的是一组线索的重要性,而不是单一线索的重要性,因为这些线索在孤立状态下根本没什么意义。亥姆霍兹领先了他所在的时代一个世纪!后人是在开始建造视觉的电脑模型时才深刻意识到视觉的推论本质,该本质进而成为心理学、神经科学和人工智能的主流思路。

此外,知觉不仅仅是推论,还是无意识推论。当我们"构造"出出泽正德的"隐形"球体时,或突然"看见"一只斑点狗或奶牛(图34)时,抑或"读出"苏联无声电影明星伊万·莫茹欣的表情(图22)时,我们无论如何都无法触及知觉过程所经历的精妙推理模式。我们可以猜想知觉系统会经历哪些推理,但是我们无法"从内部"进行现场直播。这就是说,我们只能意识到知觉推论的结果——解读,但无法意识到大脑得出这个解读的推理线索和环节。

但是在意识自觉这一点上,知觉和其他思维没什么不同。谱曲、诊断病人、选择假期、做白日梦、沉迷于小说、证明数学难

## 第二部分
**即兴思维**

题和破解字谜等，都是由思维循环引导我们一步一步地创造意义，而我们却只能意识到其结果。比如，当我们沉迷于小说时，意识体验会被故事牢牢占据，但是大脑是如何把印刷文字转换为图片和情感的，我们一无所知。再比如，在破解令人头疼的变位词"ncososcueisns"时，在经过许多次失败后我们可能会想：是否是consciousness（意识）呢？我可以意识到跳到脑海里的单词，但是这些可能性是从哪里来的？为什么这些字母和我最近阅读或思考过的乱七八糟的东西会激发我想出这个单词而不是其他单词呢？对此我不得而知。这都是因为我们永远无法意识到心理过程，也就是说，意识只能提供答案，不能提供来源。

根据思维循环的解释，我们只能意识到大脑的解读结果，意识不到它面对的"原始"信息和介入其中的推论。可见，关于知觉，并没有什么特别的意识不到的东西。知觉和思维的其他方面一样，其结果是可以意识到的，而得出结果的过程是无法意识到的。

## 重新思考意识流

直觉上我们可以体验到意识的连续流动，但从思维循环的视角来看，这不过是个错觉。事实上，我们的意识体验是一步一步的，步长没有规律，意识背后是思维循环在持续不断地注意和理解着新材料。

但倘若心理引擎一直在转动，那么思维之间不应该是磕磕绊绊的吗？我们看一下眼动的情况就明白了。眼睛在扫描场景或阅读文本时平均一秒钟要跳3~4次，一次大概持续20~200毫秒（具体多长取决于"跳动"的角度）。在这段时间内，我们可以说是"睁眼瞎"。每次视线"着陆"并附着到新的位置时，都会有一张新快照投射到视网膜上并传入大脑。所以说，场景或页面不是连续流入眼睛的，而是以不同的"快照"的形式依次排队进入的。每次眼睛落脚到新的目标，都会有一次新的思维循环开始锁定快照的不同元素，并尝试理解它（如识别某个物体、阅读面部表情或认出某个单词等）。

　　令人难以置信的是，尽管眼睛收集信息的过程磕磕绊绊，但我们的意识体验却一点儿都没有受到影响。不信你可以看一下周围，看看自己转动了多少次眼睛。当你从房间的一侧扫到另一侧时，你知道自己的眼睛肯定转动过，但是大部分时间，你是无法判断它们是否转动过的。比如，你的眼睛是不连续地跳跃呢，还是从图像上平滑地流过？（如果你想知道答案，那么我可以告诉你：只有在极为特殊的情况下，眼睛才会"平滑移动"——如跟踪一辆移动的汽车，除此之外，眼睛只会不连续地跳动）事实上，即使让你说出自己在某个时刻望向哪里也是十分困难的——而这正是全局错觉的强大威力！

　　尤其需要注意的是，从外部来观察（借助眼动追踪仪）、摄取视觉信息的过程是非连续的——我们锁定一片场景，赋予它意义，接着又锁定一片场景，赋予它意义……一直遵循思维循环。但从

## 第二部分
**即兴思维**

  内部观察，思维又是无缝衔接的。这给我们的启示是：依靠自省根本无法看出思维是一步一步的和一圈一圈的（即循环）。即使可以从眼动过程中直接观察到不连续的视觉效果，我们也无法看出这些性质，原因在于两个思维之间的裂缝被平滑地掩盖过去了。

  那我们为什么意识不到思维的不连续性呢？这和全局错觉的道理一样，不过更为宽泛。大脑的任务是提供周围世界的信息，而不是提供自身如何运作的信息。如果我们可以意识到眼睛移动时的快照，那么我们将过分关注眼睛的移动情况，从而搞不清楚世界是幻灯片式的图像集合还是一个统一体。

  重点在于这个稳定的世界，而不是动来动去的眼睛。为了决定如何行动，我们需要知道世界的面貌。至于这个世界是如何呈现给我们的，大脑并不关心。这就好像，军官在拿到已被破解的密码时，只会关心密码信息对下一步军事行动的影响，不会关心密码是如何破解的以及是谁破解的。

  简而言之，我们之所以感觉"眼看耳听"是连续的，是因为大脑告诉我们这个世界是连续的。主观体验只能反映这个世界，不能反映思维的运作过程。这说明，从更一般的意义来讲，思维循环是不可察觉的——我们无法跟着思维循环的不规则脉冲"打拍子"。意识自觉只能告诉我们世界（当然也包括我们自己的身体）的状态，却无法告诉我们感知的过程。原因在于：大脑只想让我们把注意力放在"故事"身上，而不是它自己身上，它只想做一个低调的幕后解说员。

## 可以意识到内在自我吗?

根据思维循环的观点,我们的意识体验是对感觉信息的有意义组织。如果确实如此,那么我们根本不可能意识到"自我",因为"自我"并不属于感觉信息。此外,所谓"更高级"的意识(如"意识到了自我意识""意识到了意识到自我意识")也是大言不惭的胡扯,尽管一些哲学家和心理学家特别偏爱它们。

我们可以意识到表达了上述思想的单词形式(语音和文字),但是无法意识到背后的思想,更无法意识到单词背后的"思维"。早在18世纪,伟大的苏格兰哲学家大卫·休谟就指出了这一点:"就我而言,当我亲切地进入我所称的'自己'时,我总是会碰上某种具体的知觉,如冷或热、明或暗、爱或恨、痛苦或快乐等。我从来都无法抓住一个没有知觉的自己,而且除了知觉我也观察不到任何事物。"[7]

可以反思一下你对数字"7"的意识自觉。很明显,你无法通过感觉触及这个数学抽象概念。你或许可以在心中构建模糊的心理图像,如数字"7"或由7个黑点构成的图案;你也有可能听见自己"说出"7这个单词;和它相关的各种特征也有可能涌入脑海,比如你可以跟自己说"这是我的幸运数""这是个奇数""这是个质数"等。但是,我们意识到的并非数字本身,而是和它间接相关的感觉印象,如对围绕7说出的话的感觉印象。你反思得越多,就会发现自己越难意识到数字本身。我们当然知道和7相关的许多事实,但是我们意识到的并非事实本身,而是感觉印象,其中

## 第二部分
## 即兴思维

最主要的就是和 7 相关的简短语言片段。可见关于"7"的意识都是虚假的和二手的。尽管如此，我们对"7"仍然知道很多：我们可以数到 7，可以确定房间里的人数是多于 7 还是少于 7，可以列举 7 的倍数表，等等。

在我看来，所谓更高级的意识也是一样。我们可以听见自己心里"说"："我知道我是有意识的。"基于这个"事实"，"我肯定也意识到了我是有意识的"。我还可以感觉到一幅模糊的视觉图像流经脑海。但是我意识到的仅仅是一些感觉印象，以及对它们进行梳理之后的有意义的图像和语言片段，除此之外我意识不到其他任何东西。

我们的结论是：意识与信念、知识等类似概念并没有直接关系。我知道巴黎是法国的首都，但我无法意识到这个事实，只能意识到自己在想象中说"巴黎是法国的首都"。此时我意识到的是单词而非事实本身，假如我用不同的语言来表达这一事实，我将得到不同的意识体验。再思考一下，当我说自己可以意识到雷斯垂德探长嫉妒夏洛克·福尔摩斯这一事实时，我究竟能意识到什么呢？我可以意识到心里说出了这些话，但是我无论如何都意识不到真实的人，以及探长对福尔摩斯的解读，因为他们根本就不是真实人物，而是虚构角色。如果我面前有一个相当逼真的苹果全息图，那我对它的意识体验将和面对真实苹果时一模一样，因为它们提供的感觉信息和大脑对感觉信息的组织（即解读为苹果）是一模一样的。但是我的意识体验根本无法判断我接触的是真实的苹果还是苹果的全息图。从这个意义上讲，意识只能是"浮于表面"的——它是由我们用来梳理感觉体验的解读来定义的。

所以说，我们无法意识到数字、苹果、人或任何东西，我们只能意识到自己对感觉体验（包括在心里说的话）的解读，意识不到其他的东西。[8]

由此可见，意识不像叠罗汉一样是一层一层的，它只是大脑跟我们玩的又一个把戏。这样，当我们说到思维比我们想象的"更加扁平"时，就有了另一层意义：意识体验是对由知觉、想象和记忆引发的感觉体验的表层加以梳理而形成的。对于"深奥"的数学概念、思维的内部运作和意识本身，我们都无法从主观上体验到。我们当然可以谈论和书写它们，也可以用符号和草图表示它们，但我们只能意识到这些单词、符号和图片的知觉特征，意识不到貌似模糊的抽象王国本身。简而言之，我们只能意识到各种感觉信息（包括大脑产生的图像、来自身体内部的感觉，如疼痛、疲惫、饥饿等，还有来自内心的声音），意识不到其他的东西。

## 对意识界线的重新思考

一种非常吸引人的观点是：思维就像冰山一样可以一分为二，上面是露出来的意识"一角"，下面则是巨大、无形而又危险的无意识。弗洛伊德和之后的精神分析师坚持这一主张，他们认为意识是不堪一击和自欺欺人的，无意识是其背后的潜在动力。有心理学家、精神分析师和精神病学者怀疑，我们可能有两个（或多

## 第二部分
# 即兴思维

个)不同的心理系统在争夺对行为的控制权:一个(或多个)速度快、具有内反性且自动执行的无意识心理系统,一个速度慢、具有外反性且可以被意识到的"慎思"系统。[9] 神经科学家则认为大脑可能有多个决策系统——其中最多只有一个是有意识的,这些系统可以针对我们的思考和行动提出相互排斥的建议。[10]

但是我们知道,冰山的大部分都隐藏在水面以下,所以冰山隐喻暗含一个十分重要但极其荒谬的假设:冰山无论深藏在水波之下还是闪烁在阳光之中,其材料都是一样的,那就是冰。这样,水下的可以露出来,而露出来的可以沉下去,但是不管是露出来还是沉下去,都是一样的冰或冰山。该隐喻说明,同一思维既可以是有意识的,又可以是无意识的,还可以在两种状态之间随便切换。此外,过去的无意识思维可以被带到意识的阳光中(通过不经意的反省、集中式的心灵检索或经年累月的精神分析),而过去的有意识思维也可能沉潜到无意识的海洋中去(通过彻底遗忘或主动压制的神秘心灵过程)。而且不仅单个思维如此,整个思维过程也是如此。在相信人类有两个不同的心理系统的人看来,当我们对思维进行有意识的训练时,神秘的无意识冥想、煎熬和符号解读也在进行。这些无意识的心理活动和有意识的思维是同一种"东西",不过是藏在意识自觉层面底下的。

但是从思维循环的观点来看,冰山隐喻可谓漏洞百出。我们之前提到过,人类只能意识到对感觉信息的解读,意识不到这些解读产生的过程。所以说,有意识和无意识的对立不是两种思维的对立，而是针对同一种思维，区分了可以意识到的思维结果和创造该结果的无意识过程。

总之，有意识思维和无意识思维的对立是不存在的。既然不存在，那么也就不能说某个想法溜进了意识或从意识中溜走了。我们只有一种思维，但它包含了两个方面：可以意识到的"读出"结果和创造该结果的无意识过程。我们无法意识到这些大脑过程，就像我们无法意识到消化的化学过程或肌肉的生物物理学原理一样。

## 被误解的无意识思维

无意识思维听起来很有道理，但是与大脑的基本运作原则冲突，因为大脑是遍及数十亿神经元的合作式计算，且其运作只是为了应付临时的挑战。

在弗洛伊德以前，无意识思维并没有什么市场，因为当时的思维概念是与意识体验挂钩的。但是在弗洛伊德之后，"无意识"的观点开始流行起来，以至人们对它有一种过度的依赖——思维和行动的所有不同寻常的特点，包括出人意料、自相矛盾、见解深刻和弄巧成拙等，都被归结为神秘的无意识力量对脆弱甚至有点儿愚蠢的意识的侵入。但在我们看来，意识之外并不存在什么其他心智、系统或思维模式，因为大脑（或者至少是特定的神经元网络）一次只能做一件事情。

如前所述，对于思维循环的运作过程，我们无法触及，因

## 第二部分
**即兴思维**

为我们只能意识到其输出结果——对感觉信息加以梳理之后的有意义解读。换句话说，意识体验流其实是"意义"流，我们无法直接触及产生这些意义的过程（和感觉数据，以及工作所需的记忆）。但其实这也没什么大不了的，试想，你可以通过自省得知肺或胃是如何工作的吗？肺或胃如此，为什么大脑就不能如此呢？所以在我们看来，根本不存在什么争夺思维、行动控制权的两种思维系统，而是只有一种系统，在一圈（即一个循环）又一圈地努力为感觉输入信息赋予意义。当有意义的解读被我们意识到时，图案、物体、颜色、声音、单词、字母和脸部等世界就产生了。但是这些结果产生的大脑过程，我们将永远意识不到。[11] 小说家一直在探索流经脑海的喧嚣和影像，但需要注意的是，不论是弗吉尼亚·伍尔芙的《到灯塔去》，还是詹姆斯·乔伊斯的《尤利西斯》，其中的意识流都不是在探索思维深处的运作原理。这种"意识流"技巧最多只能展示部分结果、运作过程和中间步骤，它们都是思维循环成功运行之后的输出结果。当然，这些不完整的步骤有时确实可以提供有用的线索，诺贝尔奖获得者、心理学家、计算机科学家、经济学家和社会科学家赫伯特·西蒙（1916—2001）就特别强调来自人们推理或解决问题时的"出声思维"数据的价值。[12] 但尽管如此，它们也只是提供线索而已，至于思维循环输出的想法、填字游戏的解决方案和象棋的方法，以及为什么是这些想法而不是那些想法，都是意识王国无能为力的。毕竟，我们只能看见知觉体验的结果，即只能看见物体、颜色和动作，看不见大脑以某种方式把世界呈现给我们的运算过程。

如此看来，我们至少可以针对不断掠过的"意识流"内容说点儿什么。这就是说，自省是有限度的，我们虽然无法触及思维循环的运作过程，但至少可以触及其输出结果。可是需要注意的是，即使是报告这些可以意识到的状态也是有风险的。哲学家约翰·斯图尔特·穆勒（1806—1873）曾说："问你自己是否开心，你马上就不开心了。"[13] 自省也有类似风险——"问你自己在思考什么，你马上就不思考它了"。

## 从尖刺球体到生命的意义

大脑一直在努力梳理和理解我们正在注意的感觉信息，例如我们会用"尖刺球体"来解释出泽正德创造的黑白图案（图36），从而为它找到意义。这种寻找意义的冲动也适用于理解会话片段、文本段落或整部戏剧和小说。当然，我们在理解一部电影或交响乐时，会实时地经过许多步骤：既要一直紧跟正在发生的戏剧或音乐事件，又要回想它们的关系和意义。

有趣的是，在这个过程中我们会陷入沉思，力图做到面面俱到，甚至有些吹毛求疵。例如在看一部电影时，我们会努力理解电影情节，指出其明显存在的缺陷（"她当时既然有钥匙，为什么还要破门而入？"）；会努力搞明白某个角色的想法和动机（"罗密欧和朱丽叶不可能陷入热恋，因为他们根本不了解对方！"）；还可能把电影的背景、表演和其他电影或书籍联系起来（"那个场景

## 第二部分
## 即兴思维

来自《卡萨布兰卡》），或者与真实生活联系起来（"这完全违背了警方程序！""这部电影完美再现了 20 世纪 50 年代的西班牙。"）；甚至还可以对分析和批评做出再分析和再批评（"一点儿都不现实""它应该是一部推理电影，而不是警察培训电影"）：这种分析再分析、评估再评估的行为将永无止境！尤其是像《摩诃婆罗多》《荷马史诗》《神曲》和莎士比亚戏剧这类经典作品，如今的批评作品相对历史只会更多不会更少。泛泛而言，这些讨论其实都在关心意义，包括作品的内在结构，与其他文学作品、历史和社会以及生活在 21 世纪的我们之间的关系。

我认为，人类理解日常生活中的事件、故事及关系，其实和为文学艺术作品赋予意义大同小异。生活就像电影一样慢慢展开，我们开始追问到底发生了什么，自己和周围的人为何要如此行事。为了得到答案，我们会不惜与他人乃至虚构的人物进行比较。偶尔也会停下脚步，追溯过去：我过去的所作所为有没有道理可言？我为什么会变成今天这个样子？对自己如此，对他人也如此：我们会努力理解他人的生活、人情世故、所在的群体以及所参与的活动。我们会一直这样纠结下去，不仅针对自己的生活，还针对已有的分析和评估。

和文学艺术一样，对生活的评估也是关于意义的，即我们该如何理解自己的生活，该如何让未来的生活更有意义。因此我们可以给"意义"一个宽泛的定义：整合为一、找到模式和协调一致。可见我们不仅在追求活着，也在追求"知其然"和"知其所

## 思维是平的

以然",甚至会对已有的答案保持怀疑。就这样一直追问下去,永无止境。但是不管怎样,思维循环都只有一个任务,那就是锁定感觉信息(尤其包括语言信息),并尽其所能地梳理和解读这个信息。

每个解读过程都是局部的、零碎的,我们不可能做到思考整部文学作品、交响曲或整段关系的意义。我们自以为可以,其实是全局错觉捣的鬼:我们的思维在体验、评论或争论的碎片之间快速切换,让我们误以为自己可以把复杂的整体打包上传。当然这不妨碍我们对文学、艺术或生活的持续讨论,但每一轮思维循环都只能为逝去的碎片赋予意义。

我们不妨看看游戏和运动的例子,它们完美地体现了"意义"可以被无中生有地创造出来。想一想为什么以下行为是有意义的:11个人把球踢进对方的矩形框里而不是己方的矩形框里;使用专门的球杆用尽可能少的次数把白球推到球洞里;使用有网的球拍把有弹性的黄绿色球在横拉的网两边打来打去。大家可能猜到了,它们分别是足球、高尔夫球和网球。以上行为尽管讲不出什么道理,却是超级意义的活动方式,有数十亿的人在利用它们消耗时间。这些活动涉及的动作、任务和挑战并不是为了什么高尚的使命,但是不管是进行得顺利(动作很连贯),还是玩得很失败(动作不连贯),我们都从中得到了享受(开心就好)。

有两种观点很吸引人,一种认为:生活的意义不可能只是为了一致,还应该有更终极的目的——它可能不是我们常人能够理

## 第二部分
**即兴思维**

解的,可能就藏在我们的内心深处。另一种则认为:超验意义是不存在的,生活不过是短暂而随机的生化扰动,在巨大而死寂的宇宙中根本不值一提。前者导向希望,后者导向绝望,都不可取。

寻找意义是每个思维循环的使命,而意义则是对想法、行为、故事、游戏、运动和艺术作品进行组织排列、从中创造模式并做出理解。简单点儿说,寻找意义就是寻找一致性,而且一致性只能被一步一步、一次一个想法地创造出来。它永远没有终点,永远直面挑战和争论。这就是人类生活的真实面貌:像小说、诗歌和绘画这样的文学艺术作品,再怎么深刻也不可能像个人生活一样丰富、复杂和富有挑战性,而且永远对重新评估和重新解读敞开胸怀。

# 11
# 惯例而非原则

## 不可思议的象棋案例

  1992年的俄亥俄州克利夫兰城，著名的古巴国际象棋冠军何塞·劳尔·卡帕布兰卡同时挑战了103名对手，7个小时之后赢了102个平了1个——他是如何在这么短的时间内做到这一点的？

  我们自然会想，卡帕布兰卡的大脑快如闪电，可以比"迟钝的"对手更快地预知各种走法及对策。如果这是卡帕布兰卡的秘诀，那么他需要比100个对手快100倍（毕竟相对于其他选手，卡帕布兰卡只有1%的时间来思考下一步怎么走）。而且不要忘记，他还要在棋盘之间走来走去，而对手只需要盯着一个棋局就行。在7个小时里，他大约每分钟要走10步棋，这意味着他对每个棋局都是匆匆一瞥，之后立马奔赴另一个棋盘。除此之外，卡帕布兰卡不仅需要赶上对手的速度，还需要大大地超过他们，因为这些对手都是被他秒杀的。总之，如果卡帕布兰卡的诀窍是快速计算，那么他一定要比其他人快好几百倍，就好像一台人类超级计算机一样。

## 思维是平的

事实上，计算机象棋的策略就是以快制胜。它们的下棋能力虽然在很大程度上取决于程序设计得是否聪明，但在过去的几十年里，之所以能取得飞跃性的进展，还少不了一个决定性因素，那就是计算机处理原始速度的巨大提升。当代的计算机象棋程序是名副其实的"闪电侠"，每秒钟能估算数百万种可能的棋局。如果它们的速度提高 500 或 1 000 倍，那么它们可以同时击败 100 台更缓慢的象棋程序，因为它们能比缓慢的对手更快地看到各种可能的走法和对策。

但是这并非卡帕布兰卡的策略，他的大脑不会比计算机更快（而且他也不需要）。像他这样的顶尖棋手，只要瞥一眼棋盘，就能记起过去见过的棋局和走法——有实验表明，国际象棋特级大师可以记住真实棋局的象棋位置。他们可以在 5 秒钟之内"读出"棋局的结构，找出哪些棋子对哪些棋子造成了威胁，或这些棋子构成了什么熟悉的图案（如一排兵在前，车和受车保护的王在后，前进的中兵，后有马保护，等等），总之就是找到棋子位置的意义。这种找到意义的能力看似普通，实则非凡，不仅有助于下出一步好棋，还能去粗取精地把棋局保存在记忆里（特级大师在几分钟甚至几个小时之后仍然记得所有位置）。在非专业选手看来，特级大师本就计算能力超强，现在又增加了令人惊叹的记忆能力，真是没法可比。但是这种能力和我们记住超长单词的能力没什么两样，都基于棋子或字母的排列方式所蕴含的意义。这就好像，如果你不懂英语或者拉丁字母，你就会觉得那些懂拉丁字母的人

## 第二部分
**即兴思维**

特别了不起,但这只是因为你无法为之赋予意义(设想一下,你是否可以记住用不熟悉的字母书写的陌生语言的文字串)。再比如那些技巧娴熟的音乐家,他们之所以能记住超长的乐谱,是因为他们可以把乐谱转化为有意义的曲调(可是对一般人而言,五线谱上的音符就像天书一样)。不管哪种情况,记忆都是理解的副产品:如果我们没有理解,也就记不住。

由此可见,特级大师登峰造极的棋艺并非来自其不同寻常的心理能力,而是来自他们身经百战之后学会如何从棋局中流畅地寻找意义的过程。而他们之所以能做到这一点,是因为他们可以把当前的棋局与过去见过的棋局的记忆连接起来——后者是他们从数千小时的实战中获得的。

有两个观察可以进一步佐证这一观点。首先,特级大师也会记错。对于那些特别关键的棋子,他们几乎不会记错,但是对于那些次要的棋子,他们就记得不是那么精确了。相对而言,象棋爱好者两者都会记错,因为棋盘对他们来说是个大杂烩,而不是由威胁、反威胁和防御巧妙编织起来的有机体。

其次,如果棋子是随机分布的,那特级大师也就不再"特级"了。面对随机分布的棋局,他们超强的记忆技巧将蒸发不见,因为他们无法借助自己的丰富经验为棋局赋予意义。[1] 这就好像英语阅读者面对随机的字母串也会茫然,专业的音乐家面对随机排列的乐谱也只能发呆一样。

我们是通过丰富的记忆来理解眼下的棋局的,这种能力大

## 思维是平的

大简化了做出正确选择的过程(正如对英语的熟悉可以让我们流畅地说出英文句子,而音乐专长则使我们能够续写一首简单的曲子)。当然从概率上来说,每一步都有无数种走法,但几乎所有走法都是不靠谱的,因此我们可以放心地舍弃。

特级大师的棋艺之所以出神入化,诀窍不在于超快的计算速度和超强的预测能力——他们确实要比业余棋手看得远一点儿,而是在于他们身经百战、经验丰富,尤其是对无数棋局的意义分析,这种分析可以使他们做出最好的选择。

还需要注意的是,对于下棋的技巧,卡帕布兰卡没有"理论",只有经验。他确实写了不少有名的书,如《国际象棋基础》,列出了许多指导新手的"原则"。[2] 但这只是一些精彩案例,展示了一些实用的经验法则,并没有类似于牛顿法则的象棋法则。很明显,卡帕布兰卡并没有试图把他的知识提取为原则,而是提取为实用的示范。

学习下棋就是学习为各种棋盘赋予意义,有了过去为棋盘赋予的意义的基础,我们就能更快地理顺眼下的棋盘。其实所有领域的专业技能,不管多么令人称奇,都可能是建立在丰富而深厚的经验基础(而不是高人一等的心理计算能力)之上的。卡帕布兰卡之所以不畏新局,正是因为他曾为大量棋盘赋予意义,积累了大量的惯例,进而可以相对常人更加灵活而有效地利用惯例。这可能正是技巧、学习、记忆和知识运作的原理。我们的每个瞬间想法都建立在过去的瞬间想法之上,进而可以与遍布整个心理

第二部分
**即兴思维**

表层的丰富联结网络联系起来。

## 知觉和记忆的共鸣

对每个新棋局的解读都依赖于对过去棋局的大量解读。同样，对每个日常场景的解读，也依赖于对过去日常场景的大量解读。事实上，知觉可能正是通过将感觉输入与过去体验的记忆相联系来运作的，而且常常是以非常灵活且创新的方式来运作的。我们不是每次都要重新解读感觉印象，而是会借助于过去感觉印象的记忆痕迹。试看图 37 中人们从日常生活中的事物中找到的"脸"。如果单从表面形状和颜色来看，这些皮包、奶酪刨丝器、木头、洗手盆和人脸可谓八竿子打不着，但是我们人类立刻就能从中看到脸部，甚至还能看出它的个性、表情和淡淡的哀伤。这看起来极为不同寻常，因为它们显然没有任何生命。

图 37　人们从日常物件中找到的脸[3]

因此，思维循环在解读感觉输入时不仅要基于输入本身，还要依靠与过去输入记忆痕迹（如我们过去见过的脸部）之间的"共鸣"（图 38）。大脑一次只能解读一个单词、一张脸或一幅图，但解读时还要同时探索当前刺激与对大量过去刺激的解读记忆之间的可能联系。这种当前刺激与过去刺激之间的"共鸣"并非表面相似，否则大脑就只能把奶酪刨丝器解读为某种银色盒状物，而不是一张脸——可是很明显，大脑可以从这个一点儿都不像人类脸部的物体中快速找到"眼睛和嘴巴"。大脑的这种神奇技能说明，它在利用过去记忆痕迹（与人脸有关）为当前输入赋予意义方面有多灵活。

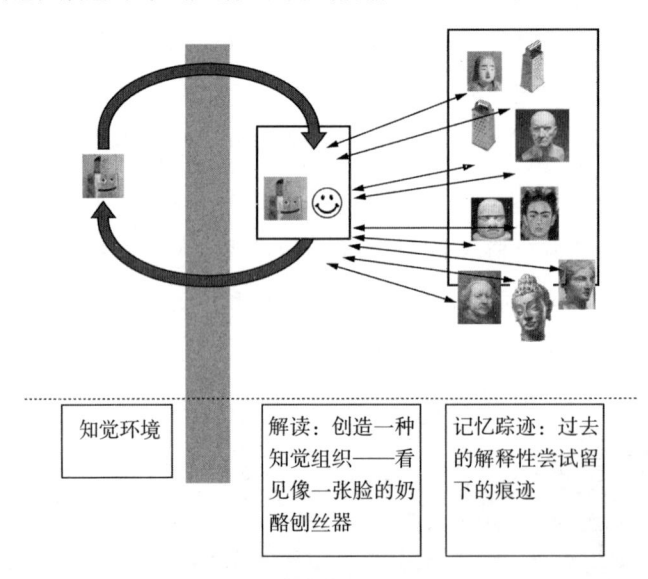

**图38　知觉与记忆之间的共鸣**

左侧：感觉提供的高度歧义的信息（即图37中长得像脸的奶酪刨丝器）。中间：我们把奶酪刨丝器解读为一个傻乎乎的笑脸（用笑脸表情来表示这个解读）。右侧：为了把图片解读为奶酪刨丝器或笑脸，需要对过去有关奶酪刨丝器或笑脸的体验进行改造（我们选择了一些过去见过的奶酪刨丝器或笑脸的图片），因为解读需要对过去的记忆痕迹进行改造。

## 第二部分
### 即兴思维

还需要注意的是，（知觉和记忆之间的）共鸣与解读只能"平行"发生。神经元的迟钝我们已经见识过了，如果当前知觉输入与大量的记忆痕迹挨个匹配，那么根本来不及。此外，大脑在解读新刺激时可能不知道哪些记忆才是相关的——事实上，它似乎是公平地对待整个记忆痕迹仓库的。考虑到大脑在解读之前不可能知道哪些记忆是相关的，所以它只能全部检索。[4]

从这个视角出发，每个新知觉解读都要建立在大量过去解读的记忆上。我们从来不会"目空一切"地观察世界，每个新解读都会将旧解读进行混合和变形。比如我们在"读到"一个单词、一张脸或一个棋局时，所有的知觉解读都依赖于历经数年的积累的体验——使用某门语言（及其文字）的经验、与他人交往的长久历史，以及从下棋实战中得到的宝贵教训等。当然，我们一如既往地只能意识到思维的输出，即当前的解读结果，意识不到导向这个输出的心理过程。因此也就无法意识到被启动的记忆，或者利用记忆解读当前刺激的变形和组合过程。当我们听到自己的母语时，我们可以从中"听见"话音、单词和停顿，好像它们是某种不言自明的东西。但如果是一门完全陌生的语言，我们就只能听到乱七八糟的一团。之所以会有这种不同，是因为我们可以把母语中的新语句匹配到过去曾被大量解读过的语音、单词、短语上面，可以利用过去解读过的话语留下的大量记忆痕迹来解读新的话语。学习语言和学习其他技巧一样，是需要花费大量时间一点儿一点儿掌握的，而且我们只能意识到习得之后的结果，意识不到培养语言能力需要依赖的大量记忆痕迹。[5]

那么记忆痕迹是什么样子的呢？它又包含哪些信息？最正常的回答是：记忆痕迹不过是之前对知觉输入解读之后的残存物。据我们所知，它们后来没有经过重新梳理、过滤、纠正或整理，其内部不会有一个类似于图书馆管理员的角色，像整理档案馆一样为每条记忆痕迹细心地建立档案和索引。知觉处理停在哪里，残存物就会保存在哪里。大脑会立即忙于下一个思维循环，然后再下一个……

由此可见，大脑并不是一个努力从体验中总结深层抽象原则的理论家。恰恰相反，它一直专注于把当下与过去的混合和变形联系起来理解当下。如此来看，记忆痕迹是处理之后残存的碎片，也就是说，它是针对感觉输入的解读，而不是未经梳理的原材料。举例来说，如果我们在某时某地觉得奶酪刨丝器像一张笑脸，那么这种解读就会储存在记忆中，等我们下次再遇到一个类似的奶酪刨丝器时，我们就更有可能觉得它像一张笑脸——因为我们记住了过去的解读。

至于感觉世界中未被解读的部分，如难以辨认的字迹、没有听懂的语言片段或认了半天没认出来的林中人影等，则不会被归档到记忆中，也不会影响之后的知觉——它们会永远丢失。（顺便提一句，如果你害怕那些试图暗中控制我们思维的广告商或邪恶势力给你植入潜意识信息，那么现在你可以放心了。）

知觉和记忆是水乳交融的。当我们辨认朋友、单词或曲调的

## 第二部分
### 即兴思维

时候，大脑不仅需要把知觉输入的不同方面连接起来，还需要把这些碎片与有关脸部、单词和旋律的记忆连接起来。这样，当我们辨认朋友时，不仅会觉得这张脸似曾相识，还会联想到与此人相关的其他信息；组成单词的字母串则会连接到意义、声音等信息；而听到一首曲子也可能让人想起有关歌词、歌手、第一次听到的年代等信息。因此，解读感觉信息要以大量的记忆信息为基础，这个信息正是过去解读感觉信息之后残留的痕迹。可以说，今天的记忆乃是昨天的知觉解读。

一次成功的感知要求我们在需要时能立刻想起，并部署"正确"的记忆痕迹来理解当下的感觉输入。考虑到我们一生积累的记忆痕迹数量，这种能力令人惊叹。如果再考虑到勾起的记忆只是与当前的知觉碎片间接相关，那么这种能力就更让人惊叹了！试想，它们明明是皮包、奶酪刨丝器、木头和洗手盆，却能勾起我们关于脸部的记忆（图37）；纸上那些看似凌乱的墨痕，却能拼凑出一幅人物风景画（图39b）；一副七巧板可以变幻出无数花样，如火箭、跪着的人、兔子和其他图像（图39a）。思维的这种惊人的灵活性还表现在隐喻中——我们对某事的记忆可以与其他事物的记忆流畅而自然地连接在一起。隐喻在语言和思维中无处不在，如我们可以把老板"看成"指挥、将军、鲨鱼或机器人等等。

至于知觉或记忆信息是如何被分析的，一种观点认为：给定信息（来自记忆和知觉的线索）只提供部分图案，其余缺漏需要大脑"补齐"。可是这种观点低估了大脑的惊人灵活性，因为它还

思维是平的

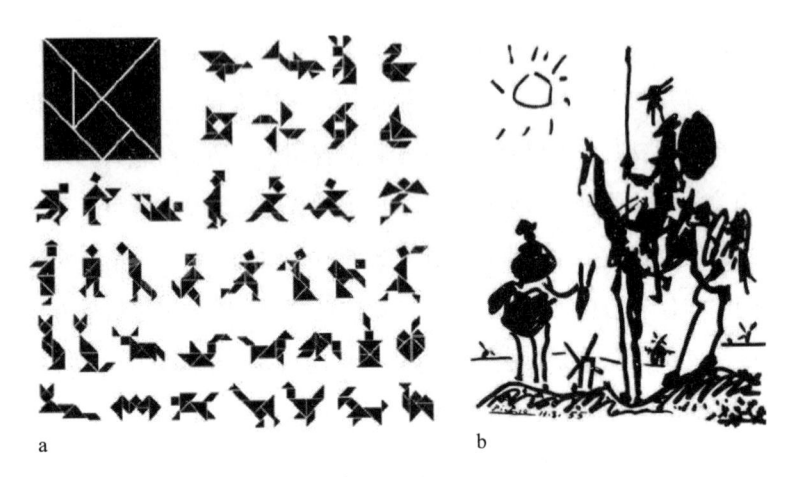

a

b

**图 39　记忆和知觉之间的互动**

a：七巧板是从左上角的正方形中分离出来的七个简单图形，它们可以拼凑出几乎无穷无尽的图案，如人物、动物和物件。[6] b：毕加索的著名速写，有堂吉诃德、桑丘·潘沙和作为背景的遥远风车，这些图案虽然十分简略，但足以让我们识别出这两个文学形象、一轮烈日和荒芜的西班牙风景。

可以把某个领域的知识转移到与之毫无关系的话题上。比如，大脑在收到关于皮包的部分视觉信息后，可能确实需要补齐各种细节（比如会推测：那个密封的容器即皮包只有顶端才有开口；它来自某个年代或某个国家；值多少钱），但是它也可能把皮包解读为一个发出警告的咆哮（虽然看起来很搞笑）。大脑的想象力极其疯狂，但这对它来说却是家常便饭。

其实我们咨询自己记忆的过程和咨询视觉内容（如皮包、奶酪刨丝器和真实的人脸）的过程差不多。我们感觉自己可以快速地进入记忆仓库（里面有一般的知识、阅历、好恶、道德和宗教

-204-

信仰），想拿什么就拿什么，想拿多少就拿多少。但事实上，我们一次只能为一组记忆痕迹赋予意义。当我们锁定一组记忆痕迹时，大脑就会像感知那样充满灵活性和紧迫性地为它赋予意义。记忆本身并非思维本身，也就是说，它们不是信念、选择或偏好。我们不可能只通过"读取"其内容就知道我们在想什么、我们喜欢什么，以及我们是哪种人。记忆只是过去思维的碎片，需要经过思维循环的重新利用、构成和改造才能发挥作用。

## 作为传统的人类

什么使我成为我？什么使你成为你？我们总想去内心深处寻找答案，希望找到勇敢、坚韧、焦虑、善良或残忍等特征——也就是说，我们想知道我们骨子里是哪种人。但事实上，我们的本性很难确定，每个人都是瞬间想法和感受的混合：有时勇敢，有时懦弱；有时坚韧，有时焦虑。人们或许会想，这种混乱和矛盾只是表面现象，是一时的冲动让我们变得反复无常。而在内心深处——深到我们无法想象的程度，真正的内在自我，包括我们的美德与恶行，还是存在的。但是我们已经知道，心理深度是个错觉，并不存在什么善恶本性。

但如果思维是一个由惯例构成的引擎，一直在通过重塑过去的思维和行动来处理当下，那么我们每个人就不是性格特征的集合，而是一个拥有丰富个人体验的宝库。我们就像珊瑚一样，可以借由珊瑚虫堆叠成各种各样的形态。独特的个人正是由独特的个人史、思维和行动独特的惯例形成的印迹造就的。简而言之，正因为思维和行动可以堆叠成无数种个人史，才使得我们每个人都是独一无二的。

该观点似乎暗示着人类是"习惯的奴隶"。完全不是这样的！我们将在下一章看到，人类具有非凡的想象力，正是它让我们摆脱了盲目的重复。比如，我们可以把平常有关脸部的体验投射到图37的皮包和洗手盆上；伟大的棋手如何塞·劳尔·卡帕布兰卡、博比·菲舍尔和马格努斯·卡尔森之所以能达到出神入化的境界，不仅仅因为他们身经百战、经验丰富，还因为他们擅长灵活而精妙地运用惯例；再比如，我们可以即兴地跳舞、写歌、画画、讲故事或创造一个虚构世界。我们不可能凭空做到这一点，而是要对已知的世界要素进行重新解读和组合。

我们每个人都是传统，是由过去指引和塑造的。同时，我们也像音乐、艺术、文学、语言或法律中的传统一样，擅长改进、调整、赋予新意甚至推倒重来。我们的心理状态脱胎于过去的心理状态，但是想象力不会被困在过去修建的牢笼里，我们会一直塑造和重新塑造自己。让自己脱胎换骨总是很难，但是既然我们可以有意识地改变现在，那么我们就有希望重塑未来。

## 惯例而非原则

每一轮思维循环都会留下痕迹，而这个痕迹又会影响未来的思维循环。思维就像从高山流向大海的无数水滴一样，一直在大

## 第二部分
## 即兴思维

地上寻找路线（如沟渠、溪流和河谷），每一滴水都会把经过的路线切得更深一点儿。因此，地形既反映了过去水流的部分历史，又指引着水流接下来流向哪里。人类的心理世界也是一个道理，它会遵循过去思维雕琢而成的路线，而当下思维和行动的踪迹又会影响我们未来如何思维和行动。

水流沿着崎岖的道路奔流而去，任何一滴水都不会注意到它所流经的路线是由过去不计其数的水滴创造的，也不会注意自己微不足道的侵蚀力可能会稍微改变下一滴水的路径。同样，每一轮思维循环留下的记忆痕迹都可能使未来的循环更为流畅，也可能对其造成阻挠。每个瞬间的解读既依赖我们过去理解世界的行为，又会对世界有所改写。所以，是每一轮思维循环随时间创造了思维可以顺畅流过的心理路线。而且，每一轮思维循环还在尽可能地使当前对感觉信息的解读与过去对感觉信息的解读连贯起来。

在人的一生中，思维流会塑造思维习惯和心理集合，也会成为其中的一部分。正是这些过去的思维模式及其记忆痕迹构成了我们非凡心理能力的基础，塑造了我们的行为，使得我们每个人独一无二。所以从某种意义上说，我们心里确实有某种地形，不过它不是对外在世界的复制，也不是信念、动机、希望或恐惧的仓库。这种心理地形不涉及神秘的地下地质作用力，只是忠实记录了过去思维循环留下的痕迹。

大脑的运作基础是惯例而非原则。每一轮思维循环都会通过加工和改造过去的相关思维来理解当下锁定的信息，而其结果本身又会成为未来思维的原材料。

　　行文至此我们也就明白了，过去遭遇各种失败的症结都在这里：不管是早期人工智能试图发现我们有关物理和社会世界知识的基础原则，还是语言学试图揭示语言生成的语法原则，或者是哲学试图说清有关真理、美德和思维本质的基础原则。人类智能的基础是惯例，它们可能是自相矛盾、高度自由和没有限制的，尤其是在没有任何惯例被确立的情况下。而当我们面对这个复杂至极、很难全面理解的世界时，这种开放性正是我们需要的品质！[7]

# 12
## 智能的秘密

20世纪50年代,为了测试儿童面部感知能力的发育情况,加拿大心理学家克雷格·穆尼创造了一个绝妙的黑白图像方阵(图40)。[1]思考一下大脑将如何理解这些脸,正好可以把本书涉及的关键主题汇总,并由此开启智能"秘密"的探索之旅。

这些图像一开始给人一种很神秘的感觉,但是一两分钟之后,体验就变得有趣起来:这些起初略显苍白的图案突然讲得通了。至少在我看来,每张脸都代表了一个生动形象的个体,这些个体有着特定的表情、性别、年龄和个性,甚至还有一段故事。其中几张甚至可以媲美照片,传达了某种生命力、感染力和人性的纠结。此外,它们还很美。

在所有这些黑白脸中,一些脸瞬间跳进了我们的眼帘;一些脸则需要花点儿时间,一开始只是一些奇怪的黑块、曲线和斑点,然后突然神奇地变成了一张人类的肖像。你或许还无法看懂所有的图案(我就是这样的,有几张图像这几年已经看过无数次了,但

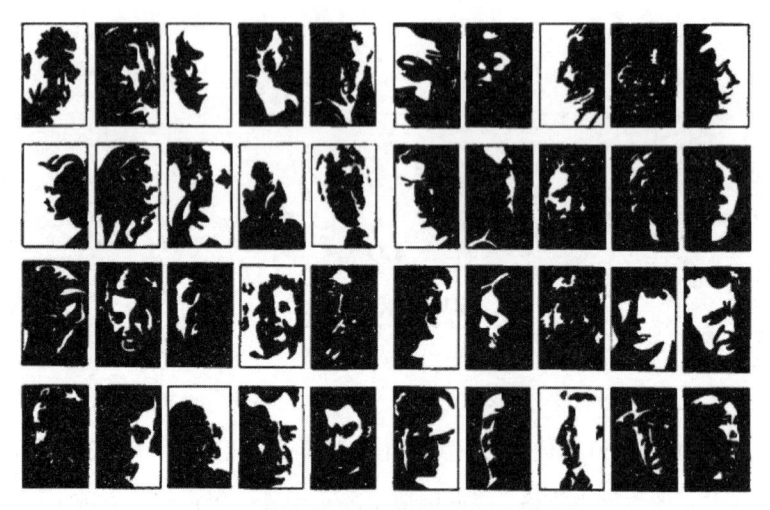

**图40　克雷格·穆尼创造的黑白脸图像**

许多图像乍一看让人十分困惑,但再仔细看,就不仅能看见一张张脸,还能窥见一个个饱满、生动和情感丰富的个体。[2]

还是无法理解它们),但即使只看懂了几张,也要比目前的任何一种计算机视觉技术强多了。

这种可以从简单的风格化图案中找到脸部的技能十分令人惊叹,因为这些奇怪的"木刻"图案不像我们日常所见的人那样多彩、立体并且能够移动。比如说眼睛、鼻子和嘴巴这些部位,我们的大脑准备定位,却完全找不到目标,直到整张脸的密码被破解才会看见它们。这些起初混乱的黑块、曲线和斑点,在我们灵感迸发之际,突然神奇地变成了一张人脸。而且我们一旦看到人脸,就再也看不到起初的混乱状态了,这种解读将永远或近乎永远地保存在我们的记忆里。[3]

第二部分
**即兴思维**

　　如果觉得任务过于轻松，那么可以试着把图 40 倒过来。有少数几张或许仍能讲得通，但是许多图像又变回原来的抽象图案了。当你之后再回来看正过来的图片时，就会发现图像渐渐地又恢复成了脸部。

　　我们可以从穆尼的黑白脸图像中得出许多有趣的结论。当我们倒过来看图 40 时，会觉得图像非常混乱，因为眼睛、鼻子或嘴巴无法在孤立状态下被辨认出来。但是当我们正过来看时，这些特征就或多或少地凸显出来了：这说明我们只有抓住整体才能看见局部。这种整体感知方式（即整体图案和构成部分的感知是相互依存的）反映了大脑的一般运作程序。比如当我们辨认潦草的笔迹时，只有理解了整个单词才能认出单个字母；在听别人说话时，只有在解码对方试图传递的信息时才能辨认出其中的语音和词间停顿（如果是一门不懂的语言，那只会听到模糊的声音）；再比如，我们只有熟悉了象棋背后的规则，才可能把木质棋子从白格移到邻近黑格解读为"卒在前进""威胁到了对方的马""将导致三步之后将军"等。此外，正如我们在第 5 章看到的，库里肖夫效应说明同一张脸可能被解读为不同的情绪（悲伤、饥饿和欲望）；沙赫特和辛格的实验则显示，我们对自己身体状态（肾上腺素飙升、心跳加速）的解读主要取决于对所处社会互动的理解（如我们与之互动的人是令人愤怒还是令人喜悦）。

　　需要注意的是，尽管脸部的局部特征很难辨认，我们还是对整张脸的感觉非常丰富——如果图 40 中有一些人是犯罪嫌疑人，那么我相信你和我一样可以立刻指认出来。这种从简略的黑白图像到三维真实人物的巨大知觉跳跃说明：人类的知觉系统具有惊人的灵活性——有人可能还会加上"创造性"。

　　我们的大脑非常擅长识别脸部，即便像穆尼的黑白脸图像那样线索稀少，我们仍然可以探测和构建脸部。事实上，当线索比穆尼的黑白脸图像还要少时，比如图 37 中的平常物件，我们依然可以做到这一点。对我而言，图 37 最左侧的皮包好像在咆哮，表现得十分愤怒和傲慢；奶酪刨丝器年龄尚小，急于讨好某人，好像还有点儿紧张；木头的表情则较为轻松，但似乎处于微醉状态；而最右侧的水龙头和洗手盆好像若有所思、战战兢兢。其实真正让人惊叹的地方在于我们竟然能看见它们，因为它们与我们平常见过的脸（包括动物的脸）完全不同。我们不仅看见了它们，还觉得它们像穆尼的黑白脸图像一样传递了情感甚至个性。这种从平常物件中看见典型人脸的想象跳跃非常特别，遗憾的是，由于大脑可以快速而自然地做到这一点，我们误以为这没什么了不起，甚至根本没有思考过这个问题。

　　在我看来，想象跳跃触及了人类智能的核心。正是这种通过选择、组合和修改过去惯例来处理当下体验的能力，让我们对这个还很不了解的开放世界应对自如。总之，思维循环不是在被动地参考惯例，而是借助过去的原材料充满想象力地创造现在。

## 第二部分
**即兴思维**

## 无所不在的隐喻

人类大脑具有无穷无尽的创造力，最能说明这一点的是思维中无处不在和处于中心的隐喻。把奶酪刨丝器看成傻笑的脸或把洗手盆看成胆怯的脸只是冰山一角，我们其实一直都在借助于完全不同的彼物来看待此物。我们会这样描写对方，如充满感情、发泄精力、失落或压抑、处于世界之巅、被压垮了、情绪高昂、感觉枯燥或滋润。我们可以说自己很混乱、搞砸了、扯平了或被矫正了；可以这样描述想法，如文思泉涌、心潮澎湃，或者大脑很空、内心空虚、一片空白；可以说心情很轻松，脑袋一黑或者发沉。我们的观点可以是尖锐的、犀利的、尖刻的、活泼的、耀眼的、活跃的、明晰的、卓越的和富有启发的，或者是黯淡的、呆板的；而我们说的话可以是刻薄的、带刺的、尖酸的，或者是流畅的、柔和的、清脆的，甚至是油滑的。再比如我们的生理状态，可以是有形的、走样的，精力充沛或萎靡，垮掉了或硬朗起来了，没力气了或恢复体力了等。当然，这种借彼物看待此物的观点本身也是一个隐喻，因为我们借用了视知觉作为思维的代表。总之，我们的语言完全浸泡在了隐喻中。

隐喻也广泛渗透到了思维当中。比如我们在第一部分讨论的心理深度错觉：一旦我们认为思维"潜藏"在心理"表层"之下，那么我们自然就会想去"挖掘"它们，"设法让它们水落石出"；还会猜想某些人的思想很深刻，而另一些人的思想则很浅薄。此外，思维是平的这个观点也是一个隐喻，不过我希望这是对主流观点的一种颠覆——其中的"主流"和"颠覆"同样也是隐喻![4]

隐喻就像人脸一样无处不在,很难想象如果失去它们我们该怎么说话或思考。不信你可以从本书中找几句话,看看把隐喻拿掉、剥离、移走、切除、删掉、切割、丢掉、排除或消灭之后,那些话还能不能说;或者可以"以身试法",看自己能不能写出完全字面化的语句。

一些隐喻当然可能在语言中变得僵化(此时就会使用其他隐喻),或者与原本的意义脱离(看,又一个隐喻!),甚至在本义被淡忘时继续被使用。比如"骑"自行车很可能是通过骑马隐喻扩展而来的,但是如今马已经很稀少了,到处都是自行车,两者之间的联系已经遗失了。事实上,整个语言(也包括这句话)都是死隐喻或半死隐喻的坟墓。

隐喻和图 37 的人脸具有很多共通之处,如它们都有三个特征:第一,隐喻需要隐晦和横向思维("隐晦和横向",又是一个隐喻!),即把两个明显无关的领域联系起来(如奶酪刨丝器和脸部;可以被隐藏、埋藏或捞出的真实物体和可以被"隐藏""埋藏"或"捞出"的思维)。第二,就其本质而言,隐喻需要把过去的体验改造为当下体验,如把完成未做完的事和解决项目中的突出问题联系起来。再比如,我们只有见过或知道泰迪熊才能把一条温顺的鲨鱼看成泰迪熊;同样,只有见过或知道鲨鱼才有可能把某人看成一条鲨鱼。第三,隐喻固然可以传递信息,但它同时还可能具有误导性。我们创造的隐喻跳跃可能会严重脱离现实,比如

## 第二部分
**即兴思维**

奶酪刨丝器其实根本不急于取悦他人，那块木头也根本不会喝醉。再比如，18世纪的神职人员和神学家威廉·佩利曾把大自然的复杂机制比喻为手表的运作，但这很容易得出与演化生物学发现相悖的结论，即大自然必须有一个比钟表匠还要心灵手巧的设计者。

观念之争经常表现为隐喻之争，如：光是由粒子组成的还是由波组成的？人类是"崛起"的猿还是跌倒的神？大自然是个和谐社会还是个你争我抢的残酷战场？对于思维而言，这类隐喻不是装饰，而是其本质。我们搜索意义的过程正是参照过去体验在当下体验中寻找模式的过程。我们是借助他物来看待此物的，比如把洗手盆看成一张脸，把思维看成容器、大海或内在世界等。此外，隐喻也可以这样使用，即借助对一个方面的理解来为另一个方面赋予意义。比如我们在日常生活中经常见到水波（水坑、湖泊或大海中的水），这有助于我们理解声、光，以及引力为什么是一种波（可以干涉、折射和衍射等）。或者，我们可以借助对水流的认知来理解热或电的流动。

再看一个比较有趣的例子——看手势猜字谜游戏。队友在你耳边悄悄地告诉你一本书、一首歌或一部电影的名字，你负责用一系列即兴的手势和动作把这个题目传达给其他队友。比如为了表示《巴斯克维尔的猎犬》，你可能会装成恶犬；为了表示《公民凯恩》，你可能会拼命地暗示玫瑰花或裹在一起的花蕾，如果失败的话，就拄着一根假想的拐杖蹒跚而行。这个游戏令人称奇的地方在于，我们竟然可以表演出来：通过狗的动作和龇牙的表情就可以表示那只著名的猎犬；光靠手势就能暗示根、茎、荆棘、花朵甚至花蕾；还可以假装拄着拐杖走路，但其实那根拐杖根本不存在。我们相当自然而随性地做到了这一点，根本不需要经年累月的准备或排练。

接下来，队友需要从你的举止和动作中找到暗示了最终答案的线索（当然也包括对你的了解、共同的文化知识等线索），这就好像需要确定图37中的物体像什么一样。而你的任务则相反，需要为队友创造出类似于图37的感觉输入信息，而且必须当场做到这一点。

在这个过程中，寻找解读最为关键：我们既需要创造性地对过去的体验加以改造，又需要创造性地对其结果进行解码。这样一路下来，从原著到猎狗，再到正在疯狂攻击的猎狗（我们没想描述正在安睡或正从碗里喝水的猎狗），最后把想象出的猎狗身体动作匹配到我们的动作上。这一切都需要对大量的知识——包括原著及其中心主题、猎犬攻击的大致情境，以及如何把它们匹配到身体动作上（如用双臂表示狗的前腿，用手指表示爪子）等进行天才式的改造。当然，玩过游戏的人都知道，我们设想的编码、解码过程过于理想化了，因为队友很容易把你的张牙舞爪解读为《侏罗纪公园》。

## 想象和智能

人类可以从皮包或明显无意义的黑白图案中看见脸部，可以

## 第二部分
**即兴思维**

玩隐喻和写故事，也可以创作和欣赏歌曲及艺术。这种想象力固然迷人，但没什么实际用处，它好像更适合艺术领域。比如，绘画和雕刻世界中的人脸总是非常简略、残缺和扭曲（当然其他事物也是）；文学中则到处都是隐喻——这个角色或故事其实代表了其他角色或故事，还需要读者把文本、舞台或屏幕中的动作转化为完整的虚构世界。

人类为什么会演化出这种丰富的想象力呢？生存和繁衍明显不需要这些东西。像什么从无生命物体中看到脸部，把情绪看成空间位置（高昂或低落），把人的性格视为光源（卓越的、耀眼的、迷人的和明晰的，也可以是黯淡的或渺茫的），或讲出一个完整的故事（不管是写实的还是浪漫的），对人类又有什么用处呢？既然不需要，那自然选择的演化定律为什么没有把它们淘汰掉呢？淘汰掉这些没用的东西，人类不是可以像突击手一样把全部精力放在生存技巧上了吗？沉溺于浪漫和爱情这种嗜好，怎么会出现在自诩对爱情专一的物种上呢？

就算不考虑进化因素，单单考虑现代生活，也很容易得出"幻想诚可贵，实用价更高"的结论：相对于"华而不实"的想象力，理解周围世界、做出决策和制订计划以及把精确指令和观察结果转达给他人的现实挑战更为重要。尤其当你经过正式教育和多年工作的洗礼之后，这种观念会更加根深蒂固。在你看来，思维的本质应该是纪律和控制，而不是天马行空和胡思乱想。想象力只是一种心理"饰品"，它可以让你锦上添花，但丢掉也未尝不可。

## 思维是平的

但我们知道，想象跳跃对感知世界和理解彼此非常关键，它可以让我们把过去的体验投射到动态开放的世界中。其实，用纪律约束思维（如学习电脑编程、在管弦乐队中演奏或证明数学定理）会限制想象力，因此学起来特别痛苦和吃力。但在我看来，这种困难正是由于它需要驯服和约束有时难以驾驭的想象力。我们的思考"方式"本来是无拘无束的，我们之所以把纪律和控制视为思维的本质，只是因为它们需要我们有意识地专门注意。这导致的结果是：无所不在的想象力反而变得习焉不察了。

回头仔细想想，其实我们经常在解决"逻辑"难题中用到想象跳跃。可以看一下下面的 IQ（智商）测试题：

| | |
|---|---|
| （1）空间对尺子正如时间对 | A. 节拍器 |
| | B. 天文钟 |
| | C. 钟表 |
| | D. 秒表 |
| （2）声音对回音正如光对 | A. 阴影 |
| | B. 映像 |
| | C. 折射 |
| | D. 镜子 |
| （3）复制对一式两份正如等分对 | A. 分裂 |
| | B. 分割 |
| | C. 分离 |
| | D. 对半分 |

这类 IQ 问题可以测试心理弹性——当然还有准确性。先看（1），我们需要把时间和空间匹配到一起。尺子是用来丈量空间中

## 第二部分
## 即兴思维

两点之间的距离的，那么什么是丈量时间中两点之间距离的呢？哈！是秒表（钟表是第二个选择，但它测量的是时间，而不是时间之差）。但是找到这种匹配并不容易（而且可能还会有争议）。

再看（2）。当声音从物体表面（如峡谷或山洞）弹回来时，我们会听到原先声音的复制品，即回音。当来自某物的光从物体表面（如镜子或平静的湖面）弹回来时，我们有时会看到那个物体的复制品，即映像。该思路表明 B 是正确答案。

最后来看（3）。当我们得到一份电脑文件或一张乐谱的一份或多份复制品时，我们是在复制。只得到一份复制品，叫一式两份，也就是说最终会得到文件或乐谱的两个版本。而当我们等分一个数字时，我们会把它分成相同大小的几份。当我们把它等分成两份时，我们是在对半分。该思路表明 D 是正确的答案。

需要注意的是，回答这类问题和玩数独游戏或计算某个大数的平方截然不同：这类开放式问题需要想象力来让问题变得有意义。我们会问：空间和尺子是什么关系？尺子占据空间？尺子测量空间？空间中没有"统治者"，即它不受任何人统治？还是说统治者有许多居住空间？我估计，你都没考虑过这些可能性。我们之所以知道猜错了方向，是因为还需要找到空间和时间的关系。为此，我们必须抽象地思考空间和时间。于是我们想到了——尺子是用来测量空间的。可是，如果这样的话，就会有好几个选项（天文钟、钟表和秒表都可以测量时间），还是得不到唯一的答案。再继续思考：尺子和秒表都是用来测量间隔（空间或时间）的，而钟表只是给了一个绝对值。不管怎么样,这样解读至少可以限定到一个选项,即用秒表来匹配时间。此外还有无数种方法来确定唯一的答案,但有些方法似乎显得更为自然。

比方说,我们可以这样推理:尺子可以把空间划分为相等的间隔,节拍器可以把时间划分为相等的间隔,这样 A 就是合适的。可是这样推理比较离谱(看,又一个隐喻),因为尺子除了可以均分空间还有许多其他功能(尤其是尺子具有测量标度,节拍器就没有)。

还有一种不怎么具有说服力的做法。我们注意到空间(space)和尺子(ruler)的首字母在字母表上是连续的,即 r 在 s 之前,而时间(time)的首字母是 t,所以相关单词应该以 t 之前的字母 s 开头——选项中只有一个以 s 开头的字母,即秒表(stopwatch)。这样我们就通过无力而勉强的推理得到了一个"正确"答案,不过它忽视了这些单词都是有关时间、空间和测量的,这肯定不是巧合。

可见,IQ 测试题不像数独游戏或算术运算那样是必然的(具有导向答案的系统方法),而是具有无限开放性。通过这些测试题,我们可以看出人们是否具有从单词之间的无数种隐喻联系中进行检索的能力,也可以判断我们是否具有找到自然而合理的匹配的能力。

那么在这种类比问题中什么才算正确答案呢?人们还没有完全搞清楚什么可以算正确标准,但最佳答案似乎是某种得到了一致认可的答案,即它不一定是大部分人都能想到的,但一旦被指出来,大部分人都会认为这就是最佳答案。[5]

## 第二部分
## 即兴思维

这其实和把物体解读为脸部的问题差不多。我们可以针对图37中的歧义图案像"连珠炮"一样提出各种解读,比如大部分人会觉得那个皮包像一张龇牙低吼的脸,但可能有人会觉得像猫头鹰、垃圾桶、鱼的嘴巴或甲壳虫等。尽管如此,这些解读之间并不平等,只有"脸"得到了最多的票数。而且一旦我们把它看成脸部,就很难再看成其他物体了。这说明,从复杂的开放性问题中构建丰富解读的想象力才是许多 IQ 测试的测量内容。因此,智能的秘密是富有想象力的解读,而不是"冷冰冰的逻辑"。

但是光有最初的解读或隐喻还不够,还必须系统地发展想象力。比如在物理学中,气体被想象成许多微小而光滑的台球在三维空间中持续地互相撞击(这已成为物理学经典模型)。事实证明,该隐喻非常基础且非常有用,可以帮助我们理解数万亿分子的微观特性是如何导致压力、温度和容积这样的宏观现象的。例如,我们可以先在二维平面上设想一个巨大的台球桌,此时台球当然会不停滚动和撞击,但是由于台球非常稀疏,只有少数台球撞击到桌边——撞击次数减少等同于气体压力降低。再比如,我们设想两个相邻的台球桌,一个台球稀少,故滚动飞快,一个台球密集,故滚动缓慢,如果它们被打通,那么二者的密度和速度便会趋于统一——其中,台球速度对应于气体温度,所以"打通"便意味着温度趋于统一,密度(对应于台球的拥挤程度)和压力(对应于台球桌边受到的撞击)也会降低成平衡状态。

气体台球模型被证明非常有效,已成为了解气体行为各种特征的基础。它在气体分子的微观行为（其运动大致遵守牛顿定律，和用于炮弹或行星的定律一样）和气体的运作方式之间建立了完美的联系。我们在发展和运用像气体台球模型这样的类比时一定要精细入微，因为我们的目标不是隐喻本身，而是建立一个严格而精确的模型，并在实验中测试哪里有效，哪里无效。只有这种精心发展出来的类比才是许多科学领域的基础。

有人认为，我们只有切换为另一种思维风格，即逻辑思维，才能把想象力转化为严肃的成果。我不认同这一点，因为一个问题包含许多侧面，我们之后可能还得"锁定"其他侧面来指导我们的思维寻找替代方案，并检查这些方案是否有效。此外，像找出类比可能导致的意外后果、设法用数学把隐喻表达出来、决定需要进行哪些关键实验都不是什么机械工作，而是需要天赋和灵感的。总之，智能和类比的动力是略加约束和引导的无限想象力，即使在科学中也不例外。

## 遥遥无期的智能机器

如果这种无与伦比的心理弹性，即能够充满想象力地把复杂开放的信息解读为丰富多样的模式是人类智能的秘密的话，那么它对人工智能（我们在第 1 章讨论过）有什么影响呢？

我认为其影响是深远的。我们已经看到，科学家早期的做法是把人类的"推理"和知识抽取出来，编码到计算机数据库里，结果一败涂地。而他们所期待的内心原则（认为我们的思维和行

## 第二部分
## 即兴思维

动来源于此）也被证明不过是春梦一场。事实上，人类智能的基础是惯例以及通过改造惯例应对当下挑战的能力——智能的秘密正在于这种"借旧立新"的惊人灵活性和机智性。至于它是如何做到的，我们还需要继续探索。

得益于灵活的想象力，人类可以在看手势猜字谜游戏中猜出一个中年男人捶胸挥拳表示的是电影《金刚》，可以从穆尼创作的黑白脸图像中读出丰富的情感和人性，可以通过变幻无穷的隐喻来观察这个世界。尽管如此，计算机智能之所以能在过去半个世纪取得重大进步，并不是因为它成功复制了人类的想象力，而是因为它采取了一种非常不同的思路：集中于像国际象棋或数学这类不涉及自由解读的问题，把它们还原成可以进行快速运算的海量计算步骤。这种路径在语音识别、机器翻译和通用知识测试中也极为有用，都是通过让机器吞下数量巨大的旧有解决方案来获得解决较新问题的能力。[6]

但是人类智能，甚至更广泛的生物智能最了不起的地方在于它的灵活性。大脑可以把 J. M. W. 特纳的颜料涂痕和德彪西在《大海》中的复杂编曲想象成汹涌或平静的海洋；可以把卡通人物、皮影或芭蕾舞者的动作解读为一出人性大戏；可以把弹性材料的性质与人类的心理状态联系起来（如遭受压力、绷紧、紧张或轻松、注意力被分散、松懈、紧张、神经紧张、容易爆发、快崩溃了、灵活的、僵化的、僵硬的、脆弱的、遭受极大打击的）；还可以在水波、声、光、无线电、震动、绳子摆动甚至还有引力之间找到关联。在我看来，这种心理弹性是人类智能如此非凡和突出的关键因素之一。[7]正是因为我们可以赋予世界如此别出心裁甚至天马行空的解读，才使得我们远远领先于我们通过机器所复制的一切。

我对人工智能的未来充满幻想，但在我看来，我们应该把自动化目标放在那些可以用"蛮力"解决的心理活动（即死板、重复和精确的心理活动）上，而不应牵涉心理弹性。其实这种趋向很早就开始了，可以追溯到250万年前人类发明石器的时候（地点位于如今坦桑尼亚的奥杜威峡谷），尤其在工业革命时代，人类取得了惊人成就。它告诉我们：人类和技术合作取得的成就可以远远超过人类通过自己摸索取得的成就。科技一直在带给我们惊喜，有些工作以前需要人类全力以赴才能完成，但进入标准化和机械化时代之后，这些工作很轻松就完成了。以纺织为例，过去是手工编织，要求人们心灵手巧，但后来依次被手织机、蒸汽驱动的提花机（1800年左右由穿孔卡片控制），以及如今产量惊人的计算机化机动织机取代。随着技术越来越精确和标准化，会有更多的任务交由机器完成。

如今，随着数据化和大数据时代的到来，一个更加畅通无阻和精确定义的世界也将随之出现。在这个世界里，计算机无疑比人类优秀，但是人类智能的秘密在于：大脑可以从最为混乱、难以预测和变幻无常的信息流中找到模式。例如，我们可以从皮包中看见一张龇牙咧嘴的脸，可以从黑白图案中识别出个性独特、

## 第二部分
**即兴思维**

情感丰富的脸，还可以在复杂混乱的物理和心理世界中创造出联系和隐喻——这些技能是现代人工智能很难掌握的。

人类思维的本质是通过借用和改造过去的体验为世界疯狂地赋予意义，正是有了这个基础，我们才能更冷静地反思世界。观察思维如何起作用是我们了解其自然运作模式的最好方法，它告诉我们驱动人类的是"搜索解读"或"寻找意义"。一步一步地进行有意识思索会对寻找意义提出各种挑战，但永远无法取代它。

那些一直害怕机器反攻人类的人，应该可以稍微放心了。如果人类智能的秘密是想象和隐喻，那么这个秘密可能几个世纪甚至永远都会被安全封存在人类的大脑中。

## 后记　重新创造自我

我们都是自己大脑所施骗局的牺牲品。大脑就像一个擅长即兴表演的超级引擎，可以临时创造出颜色、物体、记忆、信念或偏好，可以随即编出一个故事或一条理由。并且编造起来头头是道、有条有理，人们甚至相信这不是它"临时"创造的，而是从一个充满了现成颜色、物体、记忆、信念或偏好的内心深海里钓上来的——我们的有意识思维不过是深海的表面。然而，这些都是错觉！我们的心理深度是个虚构物，是我们的大脑临时创造出来的。所谓的信念、欲望、偏好、态度甚至记忆等根本不存在，因为思维之中根本就没有什么内心深处——思维是平的，表面就是全部。

所以，大脑是一个令人信服的即兴表演者，一直在乐此不疲地创造着思维。不过，和任何即兴表演（如跳舞、演奏或讲故事）

一样，新的思维不可能凭空产生，必须基于过去即兴表演遗留的碎片。可见每个人都是一段独一无二的历史，可以借由创意机器在其基础上创造出新的知觉、思维、情感和故事。正是因为这一点，我们才会觉得某些思维模式是自然的，某些思维模式显得很奇怪或很别扭。然而，尽管离不开历史，我们还是可以重新创造自我，通过有意识地重新创造自我，我们可以塑造自己的现在和未来。

我们不是由来自内心黑暗世界的强大神秘力量所驱动的，我们的思维和行动只是过去思维和行动的变形，而且我们在选取、改变惯例上有着极大的自由权和一定的裁量权。正因为今天的思维或行动会成为明天的惯例，所以我们是在用思想重新塑造和创造着自我。

你可能不熟悉这种观点，也可能觉得它违背直觉，但它将更新我们关于思维运作的一切知识，包括视觉、感觉原理，以及记忆、决策和个性的本质等。这个观点没有给"自我"留位置，因为自我根本不存在。确实，这里面包括了太多的骗局、阴谋和错觉，它们曾把我们骗得如此之惨，以至我们无法看见面纱背后的真相——甚至连这层面纱也没有注意到。然而，100多年来的思维科学逐渐戳穿了这些骗局，当我们认识到内心世界、真实自我、心理深度和无意识心理力量不过是黄粱一梦时，我们也就更加清醒地认识了自己：我们是创意无限的临时推理者和标新立异的隐喻机器，一直在把零散的信息碎片焊接成一个连贯的整体。我们

## 后记
## 重新创造自我

和我们以前认识的自己非常不同——我们更加无与伦比！

你可能会说，这都不错，但是如果没有信念和动机，又该如何解释思维和行动的合理性呢？我想说的是，人类确实有一些可以影响实际行为的内在事实，如珍惜的事物、坚信的理想和高昂的热情。但如果思维是平的，即便我们可以就自己和他人编出各种故事，信念和动机在现实中也根本无法驱动我们的行为，因为内在信念根本不存在，动机不过是一种想象，而非现实。

另一方面，惯例的堆叠（即对过去的思维和行动进行不断的调整和改造，以创造新的思维和行动）为思维的有序性（有时也包括无序性）提供了一个非常新颖且更具说服力的解释。而且，当我们从个体思维上升到作为整体的社会集体时，我们发现，文化可以被视为一个共有的惯例集合（包括我们的所做、所求、所言或所思），正是这个集合在个体和社会中创造了秩序。集体通过创造新惯例积少成多地创造了文化，而由于新惯例要基于共有的旧惯例，所以说文化也创造了我们。孤立的"自我"，就像轻描淡写的文学形象一样，是局部、零碎而脆弱的，但集体中的我们，却以异乎寻常的稳定性和连贯性创造了生活、组织和社会。

这种持续重新创造的观点其实非常具有颠覆性，因为大脑骗局被揭穿之后，我们发现用来评判个体和社会行为的客观外在标准不仅不实用，还根本无法维系。毕竟，根本不存在一个可以在上面施工的坚实地基。新的思维、价值和行为只有在过去惯例的传统内部才能被推崇或被批判——当然，应该使用哪些惯例，应该以哪些惯例为主是可以讨论的，就像法律中的案例一样。但这并不意味着怎样都行，而是说，生活和社会的建立过程是一个内在的、具有开放性和创造性的过程，而借以评判人们决定和行动的标准也是这一过程的一部分。简单点儿说，生活就是一场游戏，我们要亲自上场、制订规则和登记分数。

这种视角看似会导致相对主义噩梦，即任何观点都是同样可靠和同样可疑的，但事实并非如此。如果理想的生活或社会没有什么终极基础的话，那么我们在生活和社会中的挑战就是探索和解决内心及人们之间的思维冲突。我们之所以信守言论自由原则，是为了通过公共辩论把来自不同时间、个人和群体的零碎观念汇聚起来（学术讨论不过是穿上了一层数学和科学方法的外衣）；自由市场、金钱、交易和现代经济系统可以通过交换商品、服务和金钱把我们的偏好联系起来；而自由政治和法治则可以解决人类行为之间的潜在冲突（因为你此时的决定可能会影响将来某个时刻自己或他人的决定）。因此，在一个自由社会中，我们不只在做着自己的梦或写着自己的故事，也在不断努力把我们的故事整合成一个单一的连贯整体。

但是，即便这个自由社会可以把偏好、信念和行为联系起来，基于惯例的思考模式好像也是具有内在保守性的。那么知觉重组、灵光一现、宗教转变、观念及政治革命是如何实现的呢？一种观点认为记忆是脆弱的，因此我们可以经常重起炉灶，并得到不同的发现。也就是说，我们忘掉了旧"故事"，创造了新"故事"。

## 后记
## 重新创造自我

但是也有另一种可能性：故事被改变的那部分会带来一系列深远的影响。我们之前太过于强调过去的权威性了。我们也应该记住，连续的惯例可能会一步步导致异乎寻常的蜕变。例如，法律和政治系统虽然每一步都要受制于对过去的解读和再解读，但经过几代之后却会产生变革；数学家在推理之中可能会用到旧有惯例，但其目的却是证明整个理论是矛盾的，乃至得出需要舍弃大量惯例的结论；个人可能会逐渐开始接纳或排斥某个邪教领袖、宗教或政治文本，也可能开启或放弃某个事业、项目或一段关系。生活可以有无数种改变的方式，这说明惯例本身一直在变化。我们希望自己可以讲出越来越好的"故事"，但只有从已有的故事出发才能创造出新的故事。

此外我们还应该意识到，更大的连贯并不一定就意味着文化或智能的进步。我们必须时刻保持警惕，不能让自己或社会僵化为连贯但糟糕的惯例系统。但是我们也应该记住，我们体内并不存在什么神秘的超自然力量：思维的"牢笼"都是我们虚构出来的，因此可以被狠狠地拆掉。如果思维是平的，那么我们就可以在思维、生活和文化方面想象出一个更美好的未来，并使之成真！

# 注释

## 前言　文学布线与心理真相

1. D. Dennett, *Consciousness Explained* (London: Penguin, 1993), p. 68.

2. There are many different versions of this metaphor of introspection as perception of an inner world. We examine our consciences; find (or lose) ourselves; try to learn who we really are, what we really believe or stand for.

3. Those sceptical of common-sense explanations of the mind who have particularly influenced my thinking include Daniel Dennett, Paul Churchland, Patricia Churchland, Gilbert Ryle, Hugo Mercier, James A. Russell, Dan Sperber, among many others. A particularly

influential study that cast doubt on the psychological coherence of common-sense explanations of all kinds is: L. Rozenblit and F. Keil (2002), 'The mis-understood limits of folk science: An illusion of explanatory depth', *Cognitive Science*, 26(5): 521–62.

4. Experimental methods relying on introspection, for example those in which people describe their experiences of different perceptual stimuli, were a focus of the very first psychological laboratory, set up in Leipzig by Wilhelm Wundt in 1879. Philosophy and psychology continue to contain strands of phenomenology–where the goal is to try to understand and explore our minds and experience 'from the inside'. These methods have been, in my view, notably unproductive–phenomenology draws us into the illusion of mental depth, rather than uncovering its existence.

5. Sceptics include behaviourists such as Gilbert Ryle and B. F. Skinner, theorists of direct perception such as J. J. Gibson and Michael Turvey, and philosophers influenced by phenomenology (Hubert Dreyfus). Paul and Patricia Churchland have long argued that everyday 'folk' psychology is no more scientifically viable than 'folk' physics or biology. Over the years I have argued both in favour of this view (see N. Chater and M. Oaksford (1996), 'The falsity of folk theories: Implications for psychology and philosophy', in W. O'Donaghue and R. F. Kitchener (eds),*The Philosophy of Psychology* (London: Sage), pp. 244–56) and (wrongly, I now feel) against it (see, for example, N. Chater (2000),

'Contrary views: A review of "On the contrary" by Paul and Patricia Churchland', *Studies in History and Philosophy of Biological and Biomedical Sciences*, 31: 615–27). The ideas in this book owe a lot to the philosopher Daniel Dennett and his discussion of an 'instrumentalist' view of everyday psychological explanation and the nature of conscious experience (D. C. Dennett, *The Intentional Stance* (Cambridge, MA: MIT Press, 1989) and D. C. Dennett, *Consciousness Explained* (London: Penguin, 1993)).

6. Some of the ideas in Part Two of this book have close links to joint work with my close friend and colleague Morten Christiansen of Cornell Univer- sity on how we use and learn language (e.g. Morten H. Christiansen and Chater, *Creating Language: Integrating Evolution, Acquisition, and Processing* (Cambridge, MA: MIT Press, 2016); Morten H. Christiansen and N. Chater (2016), 'The now-or-never bottleneck: A fundamental con-straint on language', *Behavioral and Brain Sciences*, 39, e62).

# 1 虚构的智慧

1. After all, given that humans have a common ancestor, we are all Elvis's $n$th cousins $m$ times removed, for some numbers $n$ and $m$. As all life has a common ancestor, we are also rather more distant cousins of

pond algae.

2. Mendelsund gives this and many other compelling examples of the astonishingly sketchiness of fiction and the vagueness of the imagery that we conjure up when reading. We can, none the less, have the subjective sense of being immersed in another 'world' full of sensory richness. P. Mendelsund, *What We See When We Read* (New York: Vintage Books, 2014).

3. We could, of course, make a parallel, and equally strong, argument for any scientific or mathematical topic, from chemistry, biology, economics and psychology to mathematics and logic.

4. Two particularly sophisticated and influential papers were: J. McCarthy and P. J. Hayes (1969), 'Some philosophical problems from the standpoint of artificial intelligence', in B. Meltzer and D. Michie (eds), *Machine Intelligence 4* (Edinburgh: Edinburgh University Press, 1969); and P. J. Hayes, 'The naive physics manifesto', in D. Michie (ed.), *Expert Systems in the Micro-Electronic Age* (Edinburgh: Edinburgh University Press, 1979). It is important to stress that artificial intelligence has proceeded primarily not by solving the deep problems of understanding human knowledge, but by strategically skirting around them. The challenges raised by early artificial intelligence remain both hugely important and largely unresolved.

5. My friend and colleague Mike Oaksford and I have called this

the fractal nature of common-sense knowledge–each step in a chain of reasoning seems to be just as complex as the whole chain. M. Oaksford and N. Chater, *Rationality in an Uncertain World: Essays on the Cognitive Science of Human Reasoning* (Abingdon: Psychology Press/ Erlbaum (UK), Taylor & Francis, 1998).

6. L. Rozenblit and F. Keil (2002), 'The misunderstood limits of folk science: An illusion of explanatory depth', *Cognitive Science*, 26(5): 521–62. We have the same shallow understanding of complex political issues. Perhaps not entirely surprisingly, people with extreme political views appear to have a particularly shallow understanding: P. M. Fernbach, T. Rogers, C. R. Fox and S. A. Sloman (2013), 'Political extremism is supported by an illusion of understanding', *Psychological Science*, 24(6): 939–46.

7. An aside: where philosophy has mutated into theory–including psychology, probability, logic, decision theory, game theory, and so on– it becomes, like physics, drastically disconnected from its intuitive foundations. The theory will have all sorts of implications that are wildly counter-intuitive, but this is inevitable, because our intuitions are inconsistent. To my mind, one of the spectacular successes of philosophy has been its propensity to 'spin-out' theories that ultimately transcend mere 'intuition-matching' and which, like physics, come to have a life of their own.

8. The project of generative grammar still struggles on. But the

prospect of anyone writing down a generative grammar of, say, English, seems ever more remote–and indeed, Chomsky and his followers have drifted ever further from practical engagement with the project, and have resorted to abstract theory and philosophical speculation. In the last couple of decades, a new movement in linguistics–construction grammar (A. E. Goldberg, *Constructions at Work* (New York: Oxford University Press, 2006); P. W. Culicover and R. Jackendoff, *Simpler Syntax* (New York: Oxford University Press, 2005))–has abandoned the 'grammar-as-theory' point of view and embraced the piecemeal nature of language wholeheartedly. This viewpoint also fits well with the fact that language is learned, and languages change over time, incrementally 'piece-by-piece' rather than undergoing system-wide reorganizations (M. H. Christiansen and N. Chater (2016),'The now- or-never bottleneck: A fundamental constraint on language', *Behavioral and Brain Sciences*, 39, e62; M. H. Christiansen and N. Chater, *Creating Language* (Cambridge, MA: M IT Press, 2016).

9. Multiple systems views have been prevalent, from early psychoanalysis (e.g. Sigmund Freud, *Das Ich und das Es*, (Leipzig, Vienna and Zurich: Internationaler Psycho-analytischer Verlag, 1923); English translation, *The Ego and the Id*, Joan Riviere (trans.) (London: Hogarth Press and Institute of Psycho-analysis, 1927)) to modern cognitive science (e.g. S. A. Sloman (1996), 'The empirical case for two systems of reasoning',

*Psycho-logical Bulletin* 119: 3–22; J. S. B. Evans (2003), 'In two minds: Dual-process accounts of reasoning', *Trends in Cognitive Sciences*, 7(10): 454–9).

## 2 从"不可能物体"到 21 点错觉

1. A close variant of the triangle on the left-hand side of Figure 1 was later independently discovered by the father and son team of Lionel and Roger Penrose (L. S. Penrose and R. Penrose (1958), 'Impossible objects: A special type of visual illusion', *British Journal of Psychology*, 49(1): 31–3) and their very elegant version is known as the Penrose triangle. Reutersvärd worked entirely intuitively and had no background in geometry, discovering his famous triangle while still at school. The Penroses were both distinguished academics; indeed, Roger Penrose went on to apply geometry with spectacular results in mathematical physics. It strikes me as remarkable that the same astonishing figure could independently be created from such different starting points.

2. The philosopher Richard Rorty famously argued that the 'mirror of nature' metaphor marks a fundamental wrong turn in Western thought (R. Rorty, *Philosophy and the Mirror of Nature* (Princeton, NJ: Prince- ton University Press, 1979)). Whether or not this is right, viewing the mind as a mirror of nature, creating an internal copy of the

outer world, is certainly a wrong turn in understanding perception.

3. Strictly speaking, there are 3D interpretations of the 2D patterns we view as 'impossible' objects, but they are bizarre geometric arrangements, which are incompatible with the natural interpretations of parts of the image.

4. http://www.webexhibits.org/causesofcolor/1G.html.

5. http://www.scholarpedia.org/article/File:Resolution.jpg.

6. http://www.bbc.co.uk/news/science-environment-37337778.

7. J. Ninio and K. A. Stevens (2000), 'Variations on the Hermann grid: an extinction illusion', *Perception*, 29(10): 1209–17.

8. G. W. McConkie and K. Rayner (1975), 'The span of the effective stimulus during a fixation in reading', *Perception & Psychophysics*, 17(6), 578–86.

9. K. Rayner and J. H. Bertera (1979), 'Reading without a fovea', *Science*, 206: 468–9; K. Rayner, A. W. Inhoff, R. E. Morrison, M. L. Slowiaczek and J. H. Bertera (1981), 'Masking of foveal and parafoveal vision during eye fixations in reading', *Journal of Experimental Psychology: Human Perception and Performance*, 7(1): 167–79.

10. A. Pollatsek, S. Bolozky, A. D. Well and K. Rayner (1981), 'Asymmetries in the perceptual span for Israeli readers', *Brain and Language*, 14(1): 174–80.

11. E. R. Schotter, B. Angele and K. Rayner (2012), 'Parafoveal

processing in reading', *Attention, Perception, & Psychophysics*, 74(1): 5–35; Pollatsek, G. E. Raney, L. LaGasse and K. Rayner (1993), 'The use of information below fixation in reading and visual search', *Canadian Journal of Experimental Psychology*, 47(2): 179–200.

12. E. D. Reichle, K. Rayner and A. Pollatsek (2003), 'The E–Z Reader model of eye-movement control in reading: Comparisons to other models', *Behavioral and Brain Sciences*, 26(4): 445–76.

13. By stabilizing the retinal image, so that the eye can no longer scan from place to place, we are drastically reducing our ability to make sense of different parts of the image. However, we can, to a limited degree, shift our attention, even without moving our eyes, so that retinal stabilization dramatically reduces, but doesn't entirely eliminate, our ability to change which pieces of visual information we lock onto.

14. R. M. Pritchard (1961), 'Stabilized images on the retina', *Scientific American*, 204: 72–8.

15. Here, I'm picking out some highlights from research on stabilized images, and not, of course, attempting to be comprehensive. One still controversial issue is whether the image necessarily fades completely and irretrievably, if it is perfectly stabilized–it is difficult to completely eliminate any 'wobble' which might be sufficient for the eye to register change (H. B. Barlow (1963), 'Slippage of contact lenses and other artefacts in relation to fading and regeneration of

supposedly stable retinal images', *Quarterly Journal of Experimental Psychology*, 15(1): 36–51; E. Arend and G. T. Timberlake (1986), 'What is psychophysically perfect image stabilization? Do perfectly stabilized images always disappear?', *Journal of the Optical Society of America A*, 3(2): 235–41).

16. A. Noë (2002), 'Is the visual world a grand illusion?', *Journal of Consciousness Studies*, 9(5–6): 1–12; D. C. Dennett, '"Filling in" versus finding out: A ubiquitous confusion in cognitive science', in H. L. Pick, Jr, P. van den Broek and D. C. Knill (eds), *Cognition: Conceptual and Methodological Issues* (Washington DC: American Psychological Association, 1992); D. C. Dennett, *Consciousness Explained* (London: Penguin Books, 1993).

## 3 大脑的骗术

1. Image (a) from A. L. Yarbus (1967), *Eye Movements and Vision* (New York: Plenum Press), reprinted by permission; image (b) from Keith Rayner and Monica Castelhano (2007), 'Eye movements', *Scholarpedia*, 2(10): 3649, http://www.scholarpedia.org/article/Eye_movements.

2. J. K. O'Regan and A. Noë (2001), 'A sensorimotor account of vision and visual consciousness', *Behavioral and Brain Sciences*, 24(5):

939– 73; R. A. Rensink (2000), 'Seeing, sensing, and scrutinizing', *Vision Research*, 40(10): 1469–87.

3. Reprinted from Brian A. Wandell, *Foundations of Vision* (Stanford University): https://foundationsofvision.stanford.edu.

4. L. Huang and H. Pashler (2007), 'A Boolean map theory of visual attention', *Psychological Review*, 114(3): 599, Figure 8.

5. If so, then we might expect some interesting effects of the colour grids stabilized on the retina, e.g. that patterns corresponding to individual colours might be seen, with the rest of the grid entirely invisible. This has not, to my knowledge, been attempted, but it would be a fascinating experiment.

6. Patterns can also be 'shrink-wrapped' by sharing properties other than colour–for example, being lines with the same slant, or items which are all moving in synchrony (like a flock of birds).

7. J. Duncan (1980), 'The locus of interference in the perception of simultaneous stimuli', *Psychological Review*, 87(3): 272–300.

8. Huang and Pashler (2007), 'A Boolean map theory of visual attention', Figure 10.

9. Note, though, that the perception of the colour of each patch will be influenced by neighbouring patches; indeed, the perceived colour of any individual patch on the image is determined by the comparison of that specific patch with neighbouring patches in a very complex and

subtle way (for an early and influential theory, see E. H. Land and J. J. McCann (1971), 'Lightness and retinex theory', *Journal of the Optical Society of America*, 61(1): 1–11). The key, and remarkable, point is that, none the less, the output of this interactive process is sequential: we can only see one colour at a time.

  10. D. G. Watson, E. A. Maylor and L. A. Bruce (2005), 'The efficiency of feature-based subitization and counting', *Journal of Experimental Psychology: Human Perception and Performance*, 31(6): 1449.

  11. Masud Husain (2008), 'Hemineglect', *Scholarpedia*, 3(2): 3681, http:// www.scholarpedia.org/article/Hemineglect.

  12. The remarkable video of this interaction can be found online at <https:// www.youtube.com/watch?v=4odhSq46vtU>.

  13. Nigel J. T. Thomas, 'Mental Imagery', in the *Stanford Encyclopedia of Philosophy*, Edward N. Zalta (ed.): http://plato.stanford.edu/archives/ fall2014/entries/mental-imagery/.

## 4　赫伯特·格拉夫警示录

  1. This is the so-called Cathode Ray Tube theory of imagery (see S. M. Kosslyn, *Image and Mind* (Cambridge, MA: Harvard University Press, 1980)).

  2. The illusion that the mind is the stage of an inner theatre is

explored by philosopher Daniel Dennett in his book *Consciousness Explained*. My thinking has been heavily influenced by Zenon Pylyshyn's long-standing critique of pictorial theories of imagery (Z. W. Pylyshyn (1981), 'The imagery debate: Analogue media versus tacit knowledge', *Psychological Review*, 88(1): 16).

3. G. Hinton (1979), 'Some demonstrations of the effects of structural descriptions in mental imagery', *Cognitive Science*, 3(3): 231–50.

4. J. Wolpe and S. Rachman (1960), 'Psychoanalytic "evidence": A critique based on Freud's case of little Hans', *Journal of Nervous and Mental Disease*, 131(2): 135–48.

5. Wolpe and Rachman (1960), 'Psychoanalytic "evidence": A critique based on Freud's case of little Hans'.

6. S. Freud, 'Analysis of a phobia in a five-year-old boy 'Little Hans' (1909), *Case Histories I*, Vol. 8, Penguin Freud Library (London: Penguin Books,1977).

7. Wolpe and Rachman (1960), 'Psychoanalytic "evidence": A critique based on Freud's case of little Hans', quoting Freud.

# 5 高桥上的爱情

1. See online at <http://www.imdb.com/name/nm0474487/bio>;

2. See online at <https://www.youtube.com/watch?v=DGA6rC-OyTh4>;

3. http://www.elementsofcinema.com/editing/kuleshov-effect.html.

4. L. F. Barrett, K. A. Lindquist and M. Gendron (2007), 'Language as context for the perception of emotion', *Trends in Cognitive Sciences*, 11(8): 327–32. Reprinted by permission; original photo Doug Mills/ New York Times/Redux.

5. http://plato.stanford.edu/entries/relativism/supplement1.html.

6. W. James, *The Principles of Psychology* (1890), 2 vols (New York: Dover Publications, 1950).

7. J. A. Russell (2003), 'Core affect and the psychological construction of emotion', *Psychological Review*, 110(1): 145; J. A. Russell (1980), 'A circumplex model of affect', *Journal of Personality and Social Psychology*, 39(6): 1161.

8. P. Briñol and R. E. Petty (2003), 'Overt head movements and persuasion: A self-validation analysis', *Journal of Personality and Social Psychology*, 84(6): 1123–39.

9. Briñol and Petty (2003) explain their results using a different account, which they call self-validation theory. They interpret the nodding as 'validating' one's own thoughts (i.e. one's internal monologue of 'this is nonsense, total nonsense!' when given the unpersuasive message), rather than affirming the message itself.

Experimentally splitting apart these approaches is an interesting challenge.

10. D. G. Dutton and A. P. Aron (1974), 'Some evidence for heightened sexual attraction under conditions of high anxiety', *Journal of Personality and Social Psychology*, 30(4): 510.

11. B. Russell, *The Autobiography of Bertrand Russell* (Boston, MA: Little, Brown & Co., 1951), p. 222.

# 6 操纵选择

1. Wikipedia: http://upload.wikimedia.org/wikipedia/commons/6/60/Corpus_ callosum.png.

2. M. S. Gazzaniga (2000), 'Cerebral specialization and interhemispheric communication: Does the corpus callosum enable the human condition?', *Brain*, 123(7): 1293–326.

3. L. Hall, T. Strandberg, P. Pärnamets, A. Lind, B. Tärning and P. Johansson (2013), 'How the polls can be both spot on and dead wrong: Using choice blindness to shift political attitudes and voter intentions', *PLoS ONE* 8(4): e60554. doi:10.1371/journal.pone.0060554.

4. P. Johansson, L. Hall, S. Sikström and A. Olsson (2005), 'Failure to detect mismatches between intention and outcome in a simple decision task', *Science*, 310(5745): 116–19. Reprinted by permission.

5. P.Johansson,L.Hall,B.Tärning,S.Sikströmand, N.Chater(2013), 'Choice blindness and preference change: You will like this paper better if you (believe you) chose to read it!', *Journal of Behavioral Decision Making*, 27(3): 281–9.

6. T. J. Carter, M. J. Ferguson and R. R. Hassin (2011), 'A single exposure to the American flag shifts support toward Republicanism up to 8 months later', *Psychological Science*, 22(8): 1011–18.

7. E. Shafir (1993), 'Choosing versus rejecting: Why some options are both better and worse than others', *Memory & Cognition*, 21(4): 546–56; E. Shafir, I. Simonson and A. Tversky (1993), 'Reason-based choice', *Cognition*, 49(1): 11–36.

8. K. Tsetsos, N. Chater and M. Usher (2012), 'Salience driven value integration explains decision biases and preference reversal', *Proceedings of the National Academy of Sciences*, 109(24): 9659–64.

9. Tsetsos, Chater and Usher (2012), 'Salience driven value integration explains decision biases and preference reversal'.

10. The literature is vast. Some classic references include: D. Kahneman and A. Tversky, *Choices, Values, and Frames* (Cambridge, UK: Cambridge University Press, 2000); C. F. Camerer, G. Loewenstein and Rabin (eds), *Advances in Behavioral Economics* (Princeton, NJ: Princeton University Press, 2011); Z. Kunda, *Social Cognition: Making Sense of People* (Cambridge, MA: M IT Press, 1999).

11. P. J. Schoemaker (1990), 'Are risk-attitudes related across domains and response modes?', *Management Science*, 36(12): 1451–63; I. Vlaev, Chater and N. Stewart (2009), 'Dimensionality of risk perception: Factors affecting consumer understanding and evaluation of financial risk', *Journal of Behavioral Finance*, 10(3): 158–81.

12. E. U. Weber, A. R. Blais and N. E. Betz (2002), 'A domain-specific risk attitude scale: Measuring risk perceptions and risk behaviors', *Journal of Behavioral Decision Making*, 15(4): 263–90.

13. This 'constructive' view of preferences (as created in the moment of questioning) has been persuasively advocated for several decades (P. Slovic (1995), 'The construction of preference', *American Psychologist*, 50(5): 364). Many economists and psychologists have not, though, taken on the full implications of this viewpoint, imagining that there is still some 'deep' and stable underlying preference that is merely distorted by the particular measurement method.

# 7 思维循环

1. A classic discussion is J. A. Feldman and D. H. Ballard (1982), 'Connectionist models and their properties', *Cognitive Science*, 6(3): 205–54.

2. This connectionist or 'neural network' model of computation has

been a rival to conventional 'digital' computers since the 1940s (see W. S. McCulloch and W. Pitts (1943), 'A logical calculus of the ideas immanent in nervous activity', *Bulletin of Mathematical Biophysics*, 5(4): 115–33) and exploded into psychology and cognitive science with books including G. E. Hinton and J. A. Anderson, *Parallel Models of Associative Memory* (Hillsdale, NJ: Erlbaum, 1981) and J. L. McClelland, D. E. Rumelhart and the PDP Research Group, *Parallel Distributed Processing*, 2 vols (Cambridge, MA: MIT Press, 1986). State-of-the-art machine-learning now extensively uses neural networks–although, ironically, implemented in conventional digital computers for reasons of practical convenience. Building brain-like hardware is currently just too difficult and inflexible.

3. While the brain is interconnected into something close to a single network, this isn't quite the whole story. As with a PC, the brain seems to have some specialized hardware for particular problem, such as the 'lowlevel' processing of images and sounds and other sensory inputs, and for basic movement control. And perhaps there are somewhat independent networks specialized for other tasks too (e.g. processing faces, words and speech sounds). The questions of which 'special-purpose' machinery the brain develops, whether such machinery is built in or learned and, crucially, the degree to which such networks are 'sealed off' from interference from the rest of the brain,

are all of great importance.

4. For a recent review, see C. Koch, M. Massimini, M. Boly and G. Tononi (2016), 'Neural correlates of consciousness: progress and problems', *Nature Reviews Neuroscience*, 17(5): 307–21.

5. W. Penfield and H. H. Jasper, *Epilepsy and the Functional Anatomy of the Human Brain* (Boston, MA: Little, Brown, 1954).

6. Reprinted by permission from B. Merker (2007), 'Consciousness without a cerebral cortex: A challenge for neuroscience and medicine', Behavioral and Brain Sciences, 30(1): 63–81; redrawn from figures VI-2, XIII-2 and XVIII-7 in Penfield and Jasper, *Epilepsy and the Functional Anatomy of the Human Brain*.

7. B. Merker (2007), 'Consciousness without a cerebral cortex: A challenge for neuroscience and medicine', *Behavioral and Brain Sciences*, 30: 63–134.

8. G. Moruzzi and H. W. Magoun (1949), 'Brain stem reticular formation and activation of the EEG', *Electroencephalography and Clinical Neurophysiology*, 1(4): 455–73.

9. Psychologists and neuroscientists will recognize these ideas as drawing on a range of prior ideas, from the emphasis on organization in Gestalt psychology and Bartlett's 'effort after meaning' in human memory, to Ulric Neisser's perceptual cycle, the vast range of experiments on the limits of attention, to O'Regan and Noë's theory of

consciousness, to the astonishing results from Wilder Penfield's early experiments in brain surgery and Björn Merker's theorizing about the central role of 'deep' (sub-cortical) brain structures in conscious experience. My own attempt, to lock onto, and organize, these and other findings and ideas into a cohesive pattern probably doesn't correspond precisely to any previous theory, though it has strong resemblances to many.

10. Indeed, precisely because we see only the stable, meaningful world, and have no awareness whatever of the vastly complex calculations our brain is engaged in, newcomers to psychology and neuroscience are often sur- prised that the brain even needs to make such calculations. It is easy to imagine that the world merely presents itself, fully interpreted, to the eye and ear. Yet the opposite is the case: about half of the brain is dedicated, full-time, to what is fairly uncontroversially agreed to be perceptual analysis. But, as we shall see, the reach of perception may be greater still.

11. The question of whether we have so-called imageless thoughts was hugely controversial early in the history of psychology. Otto Külpe (1862–1915) and his students at the University of Würzburg famously reported that they experienced ineffable and indescribable states of awareness when thinking about abstract concepts. These mysterious experiences, supposedly lacking any sensory qualities, were viewed as

of great theoretical significance by Külpe. Other early psychologists, including the British psychologist Edward Titchener (1867–1927), who had studied in Germany and set up a laboratory at Cornell University in upstate New York, reported that they had no such experiences. Perhaps remarkably, the resulting transatlantic controversy shook the psychological world. I, for one, have no idea what it would be like if I did have an impalpable non-sensory experience, any more than I know what it would be like to see a square triangle.

## 8 狭窄的意识通道

1 The role of alarm systems in conscious experience has been particularly highlighted by Kevin O'Regan's concept of the 'grabbiness' of perception–that is, if something changes in the image, it grabs your attention. J. K. O' Regan, *Why Red Doesn't Sound Like a Bell: Understanding the Feel of Consciousness* (Oxford: Oxford University Press, 2011).

2. Redrawn with permission from A. Mack and I. Rock (1999), 'Inattentional blindness', *Psyche*, 5(3): Figure 2.

3. J. S. Macdonald and N. Lavie (2011), 'Visual perceptual load induces inattentional deafness', *Attention, Perception, & Psychophysics*, 73(6): 1780–89.

4. Redrawn with permission from Mack and Rock (1999), 'Inattentional blindness', Figure 3.

5. Inattentional blindness and deafness require going 'under the radar' of the alarm system–a bright flash or a loud bang would surely be detected, however carefully we are focusing on the central cross, because the alerting mechanisms will drag our focus from the cross to the unexpected, rather shocking, stimulus. But this is not a case of locking onto two set of information–the shock of the flash (or, equally, a loud bang) would disengage our existing visual analysis of the arms of the cross and, we would presume, dramatically reduce the accuracy of our judgements concerning which arm is longer.

6. Reprinted with permission from R. F. Haines (1991), 'A breakdown in simultaneous information processing', in *Presbyopia Research,* ed. G. Obrecht and L. W. Stark (Boston, MA: Springer), pp. 171–5.

7. U. Neisser, 'The control of information pickup in selective looking', in D. Pick (ed.), *Perception and its Development: A Tribute to Eleanor J. Gibson* (Hillsdale, NJ: Lawrence Erlbaum Associates, 1979), pp. 201–19.

8. A wonderful update of this study, where the woman with the umbrella is replaced by a person in a gorilla suit, became something of a YouTube hit. D. J. Simons and C.F. Chabris (1999), 'Gorillas in

our midst: Sustained inattentional blindness for dynamic events', *Perception*, 28(9): 1059–74.

9. The possibility that many objects, faces and words are analysed at a 'deep' level, but only one or so is then selected by attentional resources is the 'late-selection' theory of attention (J. Deutsch and D. Deutsch (1963), 'Attention: Some theoretical considerations', *Psychological Review*, 70(1): 80).

10. This does not mean that the brain processes *only* pieces of information relevant to the object, word, face or pattern that is the current focus of attention. Indeed, some amount of processing of irrelevant information is inevitable, because the brain can't always know which new pieces of information are part of the current 'jigsaw'. This point is demonstrated elegantly in experiments in which people listen to different voices 'speaking' into left and right headphones. Instructed to listen to, and immediately repeat, the voice in the left ear, people have almost no idea 236 what the other voice is saying (D. E. Broadbent, *Perception and Communication* (Oxford: Oxford University Press, 1958); N. P. Moray (1959), 'Attention in dichotic listening: Affective cues and the influence of instructions', *Quarterly Journal of Experimental Psychology*, 11: 56–60). For example, they can fail to notice that the unattended voice is speaking in a foreign language or repeating a single word. But suppose the messages abruptly switch

ears so that the natural continuation of the sentence heard in the left ear now continues in the right ear (A. Treisman (1960), 'Contextual cues in selective listening', *Quarterly Journal of Experimental Psychology*, 12: 242–8). In this case people frequently 'follow' the switched message to the other ear. As the brain is continually searching for new 'data' that matches as well as possible with its existing 'jigsaw', when new 'jigsaw pieces' appear to fit unexpectedly well with the current jigsaw, the brain 'grabs' hold of them. Yet the cycle of thought is rigidly sequential: we can only fit new information into one mental jigsaw at a time.

11. Of course, the brain has to figure out which pieces of information are meaningfully grouped together. Even if we are solving one jigsaw at a time, we may need to make some sense of other irrelevant jigsaw pieces in order to reject them–for example, if we are working on a jigsaw containing a rural scene, spotting that a jigsaw piece or pieces that make up a fragment of aircraft engine might lead us to put them aside. In the same way, the brain imposes meaning on information irrelevant to the meaningful pattern it is constructing just enough to reject it as irrelevant.

12. Indeed, the most popular model of how eye movements and reading work, the E–Z Reader model, assumes that attention shifts completely sequentially, from one word to the next, with no overlaps even though there would seem to be huge advantages to being able to read many words simultaneously. Attention locks on and makes sense of one

word after the next, exemplifying the cycle of thought viewpoint (see, for example, E. D. Reichle, K. Rayner and A. Pollatsek (2003), 'The E–Z Reader model of eye-movement control in reading: Comparisons to other models', *Behavioral and Brain Sciences*, 26 (4): 445–76.

13. G. Rees, C. Russell, C. D. Frith and J. Driver (1999), 'Inattentional blindness versus inattentional amnesia for fixated but ignored words', *Science*, 286(5449): 2504–507.

14. Some primitive aspects of the perceptual world may, though, be grasped without the need for attention. Indeed, such processing seems to be a prerequisite for attentional processes to be able to select and lock onto specific aspects of aspects of the visual input or stream of sounds. We shall not consider here the vexed question of what information the brain can extract without engaging the cycle of thought–but note that it will not include describing the world as consisting of 'mean ingful' items such as words, faces or objects, but rather will be closely tied to features of the sensory input itself (e.g. detecting bright patches, textures, or edges–although none of these is uncontroversially pre-attentive). See, for example, L. G. Appelbaum and A. M. Norcia (2009), 'Attentive and pre-attentive aspects of figural processing', *Journal of Vision*, 9(11): 1–12; Li, Zhaoping (2000), 'Pre-attentive segmentation in the primary visual cortex', *Spatial Vision*, 13 (1): 25–50.

15. D. A. Allport, B. Antonis and P. Reynolds (1972), 'On the

division of attention: A disproof of the single channel hypothesis', *Quarterly Jour- nal of Experimental Psychology*, 24(2): 225–35.

16. L. H. Shaffer (1972), 'Limits of Human Attention', *New Scientist*, 9 November: 340–41; L. H. Shaffer, 'Multiple attention in continuous verbal tasks', in P. M. A. Rabbitt and S. Domic (eds), *Attention and Performance V* (London: Academic Press, 1975).

## 9 无意识思维的神话

1. H. Poincaré, 'Mathematical creation', in H. Poincaré, *The Foundations of Science* (New York: Science Press, 1913).

2. Paul Hindemith, *A Composer's World: Horizons and Limitations* (Cambridge, MA: Harvard University Press, 1953), p. 50; online at <http:// www.alejandrocasales.com/teoria/sound/composers_world.pdf>.

3. I challenge the reader to listen to a short piano piece such as Hindemith's fascinating Piano Sonata No. 3 (Fugue) and to believe that its astonishing intricacies could have been conceived, except in the vaguest and most general terms, in any sudden flash of insight. Indeed, it seems mysterious how Hindemith could have convinced himself that this dazzling web of notes, extending over several minutes, arose fully formed in his consciousness in a single moment. We shall see later that

Hindemith did not intend to be taken entirely literally.

4. Left image: R. L. Gregory (2001), The Medawar Lecture 2001: 'Knowledge for vision: vision for knowledge', *Philosophical Transactions of the Royal Society Lond B*, 360: 1231–51; the right image is by psychologist Karl Dallenbach.

5. U. N. Sio and T. C. Ormerod (2009), 'Does incubation enhance problem solving? A meta-analytic review', *Psychological Bulletin*, 135(1): 94.

6. But might unconscious mental work occur when we are asleep, when the brain is otherwise unoccupied? This is very unlikely: the coherent, flowing brain waves that overtake our brains through most of the night are utterly unlike the brainwaves indicative of intensive mental activity–the brain is, after all, resting. And the short bursts of dream sleep, though much more similar to waking brain activity, are taken up with other things: namely, creating the strange and jumbled images and stories of our dreams.

7. Hindemith, *A Composer's World: Horizons and Limitations*, p. 51.

8. J. Levy, H. Pashler and E. Boer (2006), 'Central interference in driving: Is there any stopping the psychological refractory period?' *Psychological Science*, 17(3): 228–35.

9. Psychologists typically use 'detection' for tasks which require

determining whether a 'signal' (a flash, a beep, or an aircraft on a radar screen)is present or not. This task is marginally more complex, requiring categorization into one or two categories (one event or two).

10. J. Levy and H. Pashler (2008), 'Task prioritization in multitasking during driving: Opportunity to abort a concurrent task does not insulate braking responses from dual-task slowing', *Applied Cognitive Psychology*, 22: 507–25.

11. E. A. Maylor, N. Chater and G. V. Jones (2001), 'Searching for two things at once: Evidence of exclusivity in semantic and autobiographical memory retrieval', *Memory & Cognition*, 29(8): 1185–95.

# 10 意识的界限

1. Reprinted with permission from M. Idesawa (1991), 'Perception of 3-D illusory surface with binocular viewing', *Japanese Journal of Applied Physics*, 30(4B), L751.

2. We will see later that the brain may operate by extrapolating from vast batteries of examples, rather than working with general principles, whether geometric or not. However, this point, while crucially impor- tant, does not affect the present argument.

3. Beautiful theoretical work has analysed how this process of

finding the best interpretation of the available data might work, and there are many elegant proposals for 'idealized' versions of the nervous system (and some of these proposals can be shown to carry out powerful computations). But the details of how the brain solves the problem are by no means resolved (see J. J. Hopfield (1982), 'Neural networks and physical systems with emergent collective computational abilities', *Proceedings of the National Academy of Sciences of the United States of America*,79(8), 2554–8). Importantly, there are powerful theoretical ideas concerning how such networks learn the constraints that govern the external world from experience (e.g. Y. LeCun, Y. Bengio and G. Hinton (2015), 'Deep learning', *Nature*, 521(7553): 436–44.).

4. Although in a digital computer, cooperative computation across the entire web of constraints is not so straightforward–more sequential methods of searching the web are often used instead.

5. The idea of 'direct' perception, which has been much discussed in psychology, is appealing, I think, precisely because we are only ever aware of the *output* of the cycle of thought: we are oblivious to the calculations involved, and the speed with which the cycle of thought can generate the illusion that our conscious experience must be in immediate contact with reality.

6. H. von Helmholtz, *Handbuch der physiologischen Optik*, vol. 3 (Leipzig: Voss, 1867). Quotations are from the English translation,

*Treatise on Physiological Optics* (1910) (Washington DC: The Optical Society of America, 1924–5).

7. D. Hume (1738–40), *A Treatise of Human Nature*: Book I. Of the understanding, Part I V. Of the sceptical and other systems of philoso- phy, Section VI. Of personal identity.

8. From this point of view, the question of *what we are thinking about* needs to be kept strictly separate from the issue of consciousness. Two people might both hear an identical snippet of conversation, but in one case, the speakers are talking about a real couple who, by sheer coincidence, are called Cathy and Heathcliff; in another, the speakers are members of a book group, discussing *Wuthering Heights*. What might be an identical conscious experience of thinking: 'Poor Cathy!' is a thought about a real person in the first case (though the hearer has no clue who this person is); in the second case, it is a thought about a fictional character (though the hearer may have no clue which fictional character, or even that she *is* a fictional character). The nature of consciousness and of meaning are both fascinating and profound puzzles, but they are very distinct puzzles.

9. For example, dual process theories of reasoning, decision-making and social cognition take this viewpoint (see, for example, J. S. B. Evans and K. E. Frankish, *In Two Minds: Dual Processes and Beyond* (Oxford: Oxford University Press, 2009); S. A. Sloman (1996), 'The

empirical case for two systems of reasoning', *Psychological Bulletin*, 119(1): 3–22. The Nobel Prize-winning psychologist Daniel Kahneman is often seen as exemplifying this viewpoint (e.g. D. Kahneman, *Thinking, Fast and Slow* (London: Penguin, 2011), although his perspective is rather more subtle.

10. For example, P. Dayan, 'The role of value systems in decision making', in C. Engel and W. Singer (eds), *Better Than Conscious? Decision Making, the Human Mind, and Implications for Institutions* (Cam- bridge, MA: M IT Press, 2008), pp. 51–70.

11. There is a small industry in psychology attempting to demonstrate the existence of 'unconscious' influences on our actions (see, for example, the excellent review by B. R. Newell and D. R. Shanks (2014), 'Unconscious influences on decision making: A critical review', *Behavioral and Brain Sciences*, 37(1): 1–19). From the present point of view, this hardly needs demonstrating: we are only ever conscious of the outputs of thought and our speculations about their origins are always mere confabulation. A consequence of this viewpoint is that any demonstrations of the 'unconscious influences' on thought do not imply the existence of hidden unconscious pathways to decisions and actions that compete with conscious decision making processes (although this has been a popular conclusion to draw: see A. Dijksterhuis and L. F. Nordgren (2006), 'A theory of unconscious thought', *Perspectives*

*on Psychological Science* 1: 95–109). On the contrary, such effects are entirely consistent with the cycle-of-thought viewpoint: there is just one engine of thought, the *results* of which are always conscious, and the origins of which are *never* conscious.

Must we conclude that each of us is completely oblivious to the processes which generate our thoughts and behaviour? Within a single cycle of thought, I think this is right. But conscious deliberationpondering different lines of attack on a crossword clue, planning ahead in chess, weighing up advantages and disadvantages of a course of action–involves many cycles of thought. And each cycle will generate conscious awareness of some meaningful organization (a candidate word for our crossword clue, an image of a hypothetical chess move, a snippet of language, a pro or a con). The output of each cycle will feed into the next–if we are to have a stream of coherent thought rather than an aimless daydream.

12. For example, K. A. Ericsson and H. A. Simon (1980), 'Verbal reports as data', *Psychological Review*, 87(3): 215–51.

13. J. S. Mill, *The Autobiography* (1873).

# 11 惯例而非原则

1. For analysis of the psychology of chess, see classic studies by A. D. de Groot, *Het denken van de schaker* [ *The thought of the chess player* ] (Amsterdam: North-Holland Publishing Co., 1946); updated translation published as *Thought and Choice in Chess* (The Hague: Mouton, TheMindisFlat 1965; corrected second edition published in 1978); W. G. Chase and H. A. Simon (1973), 'Perception in chess', *Cognitive Psychology*, 4: 55– 81; and more recently, F. Gobet and H. A. Simon (1996), 'Recall of rapidly presented random chess positions is a function of skill', *Psycho-nomic Bulletin and Review*, 3(2): 159–63.

2. J. Capablanca, *Chess Fundamentals* (New York: Harcourt, Brace and Company, 1921).

3. For examples, see http://justsomething.co/the-50-funniest-faces-in- everyday-objects/. The third photo is reprinted by permission of Ruth E. Kaiser of the Spontaneous Smiley Face Project.

4. This viewpoint ties up nicely with the picture of brain organization described in Chapter 7. Sub-cortical brain structures are the crucible of perceptual interpretation, serving as gateways to the senses, but they also have bi-directional projections into the entire cortex. This type of two-way link between the current perceptual interpretation and the past stock of memory traces represented in the cortex is just what is

required to support a parallel process of resonance.

5. M. H. Christiansen and N. Chater (2016), 'The now-or-never bottle-neck: A fundamental constraint on language', *Behavioral and Brain Sciences*, 39: e62; M. H. Christiansen and N. Chater, *Creating Language* (Cambridge, MA: M IT Press, 2016).

6. http://restlessmindboosters.blogspot.co.uk/2011/06/tangram-constru-cao.html.

7. The idea that human knowledge is rooted in precedents or 'cases' has a long tradition in, among other fields, artificial intelligence (e.g. J. Kolodner, *Case-Based Reasoning* (San Mateo, CA: Morgan Kaufmann, 1993), machine-learning and statistics (e.g. T. Cover and P. Hart (1967), 'Nearest neighbor pattern classification', *IEEE Transactions on Information Theory*, 13(1): 21–7) and psychology (e.g. G. D. Logan (1988), 'Toward an instance theory of automatization', *Psychological Review*, 95(4): 492). Principles are also important, but they are invented post-hoc and then themselves become fresh precedents to be amended and overturned, rather than rigid rules to be applied relentlessly.

## 12　智能的秘密

1. C. M. Mooney (1957), 'Age in the development of closure

ability in children', *Canadian Journal of Psychology*, 11(4): 219–26.

2. Mooney, 'Age in the development of closure ability in children', 219.

3. It is possible that such memory storage is not completely immutable. In my experience, though, one moment of 'insight' into an image does appear to be enough to last a lifetime.

4. G. Lakoff and M. Johnson, *Metaphors We Live By* (Chicago: University of Chicago Press, 1980).

5. Almost certainly, this is something of an over-simplification. If there are some people who are good at finding answers we all agree with, then we may trust them to define the answers for more tricky problems, which leave most of us flummoxed. This is how things work in lots of areas, of course—we trust mathematicians or literary critics more than ourselves to work out what is a really exciting mathematical breakthrough or a landmark novel. And perhaps we trust these 'experts' (if at all) because they can demonstrate their competence at things we do all know something about. So maybe we should give more weight to judgements of the 'right answer' by people who do well in IQ tests.

6. The spectacular successes of contemporary artificial intelligence work by incredibly memory-intensive methods has been made possible by major advances in both computer algorithms and an exponential growth in computer memory, computer power and the availability of

massive quantities of data. These successes will, I believe, change our lives fundamentally, but they will do so by assisting and enhancing the human mind, rather than replacing it. It is telling, I suspect, that in large areas of mathematics the computer is a powerful and sometimes essential tool, but almost no interesting mathematical results have been discovered automatically; and, indeed, most mathematics is still done, more or less, with a pen and paper. The elasticity of the human imagination has, as yet, no computational parallel.

7. Lakoff and Johnson, *Metaphors We Live By*; D. R. Hofstadter, *Fluid Concepts and Creative Analogies: Computer Models of the Fundamental Mechanisms of Thought* (New York: Basic Books, 1995).